ARBORICULTURE ET VITICULTURE

GRANDE CULTURE EN GÉNÉRAL

Lyon. — Impr. de J. B. Pélagaud.

GRANDES AMÉLIORATIONS

APPORTÉES DANS

L'ARBORICULTURE ET LA VITICULTURE

ARBRES FRUITIERS

PLUS DE TAILLE, PLUS DE PINCEMENT

VIGNES

Plus d'insectes, plus de maladies, renouvellement de bois
et racines tous les six ans.

DE LA GRANDE CULTURE EN GÉNÉRAL

PAR J. DESBOIS

Professeur de viticulture, arboriculture et d'agriculture,
ancien lauréat de ferme-école.

LYON

IMPRIMERIE DE J. B. PÉLAGAUD

Rue Sala, 58.

Chez l'Auteur, rue Jean de Tournes, 7.

1872.

CHERS LECTEURS

Depuis que l'arboriculture existe, des hommes
sérieux ont apporté dans ce genre d'occupation de
grandes améliorations, sous le rapport de la végétation, de la fructification et des formes à donner aux
sujets que l'on cultive ; l'ensemble de ces travaux a
formé la base de la pomologie. De longues années se
sont écoulées, pleines de progrès, il est vrai, mais ne
laissant rien de positif comme mode d'emploi, car
ces diverses innovations se trouvaient dans un dés-
accord continuel.

D'après certains auteurs l'arbre fruitier devait être traité, selon sa végétation, son espèce ; ou bien encore selon le genre de terrain dans lequel il végétait.

D'autres admettaient une taille et un pincement identiques pour tous les genres de fruits ou de terrains. Tous arrivaient, plus ou moins bien, au but qu'ils s'étaient proposé : savoir, obtenir une forme agréable en produisant le plus de fruits possible, double but que recherchent tous les arboriculteurs.

Mais ces tailles, outre le temps qu'il fallait y consacrer, causaient à l'arbre des blessures qui, renouvelées chaque année, produisaient indubitablement un malaise presque général. Pour arriver à cicatriser toutes ces plaies, il fallait une quantité énorme de séve ; de plus, les canaux alimentaires étant ainsi ouverts, ces coupures réitérées annulaient quantité d'yeux à fruits ou à bois, laissaient pénétrer les agents atmosphériques qui y occasionnaient des pertes sensibles et, résultat plus funeste encore, permettaient aux insectes parasites de s'introduire dans l'intérieur des branches, d'en dévorer la moelle et finalement de les faire périr.

La taille est donc mauvaise par ses résultats. Il faut donc chercher un système autre que celui qui s'emploie de nos jours, système qui, tout en étant économique, donne aux arbres des formes plus régulières, une végétation plus luxuriante et des fruits en abondance. Et lors même que ce système rejetterait loin de lui la routine, il devrait être accepté

par tous les vrais amis du progrès, qui s'efforce-
raient de l'introduire dans l'arboriculture le plus tôt
possible, afin de faire profiter leurs pays des avantages irrécusables d'une méthode nouvelle mais ra-
tionnelle.

Si la direction des arbres fruitiers demande une
étude attentive, la vigne ne réclame pas moins de
soins. De toutes les cultures elle est une des plus
variées ; chaque canton, chaque village même, a
une méthode particulière, adoptée depuis nombre
d'années, comme étant, dit-on, la plus appropriée
au sol et au climat ; malheureusement cette méthode est souvent une routine qui ne se rend compte
de rien et ne peut pas lutter, avec succès, contre les
ennemis nombreux de nos vignobles. Toutes les vignes doivent être soumises, non pas à plusieurs systèmes, mais à un même système qui, tout en
donnant au viticulteur des produits plus abondants,
leur occasionnera une dépense moins considérable.

Celui que j'offre à nos populations viticoles réunit
ces deux grands avantages ; de plus par la taille et
la fumure particulières qu'il expose, il éloigne des
ceps les insectes nuisibles, les maladies aujourd'hui
si nombreuses, et renouvelle tous les six ans le bois
et les racines. Ce système n'est pas le produit d'une
imagination active, mais le résultat d'une expérience consciencieuse, et si je le propose avec con-
fiance, c'est que je suis certain qu'il est appelé à
rendre de grands services à notre riche industrie
vinicole. Que les départements dévastés par le ter-

rible philoxéra s'empressent de mettre à exécution les conseils que je donne dans ce petit ouvrage, et ils se débarrasseront facilement de cet ennemi qui a, jusqu'à ce jour, fait leur désespoir.

Je consacrerai tous mes efforts aux progrès de l'arboriculture et de la viticulture, et si quelques personnes trouvaient mes explications trop succinctes, je me ferais un plaisir de leur donner tous les détails qu'elles pourraient désirer. Je leur demanderai, en retour, de faire tous leurs efforts pour chasser la routine, et introduire dans nos campagnes une culture intelligente et progressive.

Avant d'aborder l'exposition de ma nouvelle méthode, je crois utile de dire quelques mots sur les parties les plus essentielles à connaître en arboriculture ; j'indiquerai ensuite mes innovations et leur emploi pratique.

ARBRES FRUITIERS

NOTIONS PRÉLIMINAIRES

Les principes sur lesquels repose la culture des arbres découlent de la connaissance de leurs organes et des fonctions de ces organes. Pour les bien comprendre et les bien appliquer, il est donc indispensable d'étudier, d'une manière abrégée, mais nette et précise, les diverses parties qui constituent l'arbre.

Un arbre est composé de la racine, qui vit sous le sol et tend toujours à se diriger plus ou moins vers le centre de la terre, et de la tige qui se développe dans l'air en sens inverse.

La partie principale de la racine est le pivot qui, ordinairement, se divise en plusieurs branches ; ces branches se subdivisent en radicelles très-minces, dont l'ensemble est le chevelu, et dont chacune est terminée par une sorte d'éponge très-poreuse et presque imperceptible, nommée spongiole, et qui sert à puiser dans le sol et l'atmosphère les éléments de la nutrition.

Le chevelu se renouvelle tous les ans.

La racine est pivotante lorsque le pivot peu ou pas ramifié plonge verticalement dans le sol ; elle est traçante lorsqu'elle se dirige plus ou moins obliquement ou transversalement près de la surface de la terre.

Le tronc est la portion de la tige qui part du collet de la racine et s'élève, sans se ramifier, jusqu'à la naissance des branches ; le collet de la racine n'est autre chose que la partie intermédiaire, souvent difficile à distinguer, entre la racine et le tronc. Ce tronc, en se divisant, forme les branches qui, d'après leur âge et leurs produits, prennent différents noms et naissent toutes d'un œil.

L'œil se montre soit à l'aisselle des feuilles, soit à l'extrémité des branches ; dans ce dernier cas, il prend le nom d'œil terminal. Cet œil recevant la séve de tous les points de la circonférence de la branche est mieux disposé par conséquent à une végétation vigoureuse.

La distance qui sépare les yeux latéraux, se nomme mérital.

PLANTATION.

Pour effectuer une bonne plantation il faut, autant qu'il est possible, choisir un temps sec, dans le courant du mois de novembre ou de décembre : en la faisant à cette époque les racines de l'arbre prennent une assise durant l'hiver et sont toutes prêtes, au printemps, pour entrer en végétation. L'on pratique dans le mois de septembre les ouvertures destinées pour la plantation ; ces ouvertures doivent avoir environ un mètre carré et doivent être laissées à découvert jusqu'au moment de la plantation. Par ce procédé, la terre s'enrichit chaque jour d'une certaine quantité de gaz atmosphérique ; par les rayons solaires, le sous-sol froid s'échauffe, et la terre trop humide perd son excès d'eau.

Au moment de la plantation le terrain environnant l'ouverture est, on ne peut mieux disposé à recevoir l'arbre qui lui est destiné et ne demande qu'à s'en emparer pour en faire un arbre d'une belle végétation. Avant de planter il faut se procurer une certaine quantité de terre friable, de matières organiques végétales ; telles que gazons, genêts ou à défaut de celles-ci toutes autres plantes ; l'on y joindra un peu de poussière de chaux. Une fois ces mesures prises, l'on examinera l'arbre qui doit être planté ; s'il existe quelques talures, si les racines ont été froissées, on retranchera, à la serpette, la racine jusqu'à l'endroit attaqué, en ayant soin de prendre toujours sa coupe en dessous.

Il faut ôter le moins de racines que l'on peut, surtout à l'égard du pivot ; je recommanderai de ne le jamais proscrire, remarquant que la plaie énorme qu'éprouve le tronc, a beaucoup de peine à se guérir, le suc pompé par les racines ne peut plus alors être envoyé dans les branches. Dénué d'enveloppes qui le retiennent, il faut qu'il se répande par cette ouverture perpendiculaire. Il flue pendant deux, trois et quatre mois, et imbibe la terre. Cette séve extravasée se moisit et se putréfie ; le recouvrement de la plaie est d'ailleurs d'autant plus difficile à faire, que quantité d'insectes ou de vers s'attachent à cette plaie, la suçant ou la rongeant. Cette seule cause a fait périr un nombre infini d'arbres.

L'arbre étant prêt à planter, l'on met au fond du

trou une couche de vingt à trente centimètres de plantes vertes, mélangées avec de la chaux réduite en
poussière, que l'on recouvre par une couche de dix
centimètres de bonne terre; l'on place les racines de
l'arbre sur cette seconde couche, en leur donnant le
sens qui leur est naturel; on les recouvre de terre ayant
soin de faire glisser, avec les doigts, la terre entre les
racines; on soulève un peu l'arbre pour qu'elle passe
plus facilement dans les vides; l'on remet sur cette terre
des débris organiques mélangés avec de la poussière
de chaux et on recouvre le tout avec la terre provenant
du creusement qu'il faut presser avec le pied tout autour de l'arbre pour le consolider. La plantation faite
dans ces conditions donne une bonne reprise et une
végétation luxuriante.

SUJETS PROPRES A LA PLANTATION.

Pour les terrains à sous-sol profond l'on doit choisir
des sujets à racines pivotantes tels que ceux greffés sur
francs-de-pied; l'on peut aussi y planter avec avantage
des sujets greffés sur coignassier, mais pour obtenir de
bons résultats il faut les enterrer au-dessus du collet
de la greffe; il se fait alors un affranchissement naturel. Du collet se développent des racines provenant de
la greffe elle-même, racines qui au lieu d'être traçantes
sont pivotantes, et la greffe se nourrissant par elle-
même perd l'âcreté que lui donne le coing pour prendre
le goût qui lui est propre. La pratique m'a démontré

que comme végétation, fructification et bonté de fruit, ce système était le seul donnant un parfait succès. J'engagerai donc vivement pour tous les sous-sols profonds et de bonne consistance, à choisir les sujets greffés sur coignassier et affranchis par la plantation faite jusqu'au-dessus du collet de la greffe.

Pour tous les terrains ayant peu ou pas de sous-sol, des sujets greffés sur coignassier et enterrés au niveau du collet.

PLUS DE TAILLE, PLUS DE PINCEMENT.

Ne sont compris dans cette classe que les arbres que l'on élèvera dès leur enfance d'après les principes que je vais développer ci-dessous.

Pour élever un arbre sans le tailler ni le pincer et lui donner une forme admirable de régularité, forme qui ne doit donner le long de sa charpente que des productions fruitières, il faut le traiter ainsi qu'il suit : on prend un arbre greffé depuis un an et on choisit au printemps la forme que l'on désire lui donner ; il faut enlever les bourgeons de la greffe, à l'exception de ceux qui doivent donner les branches de la charpente. La deuxième année les bourgeons laissés ayant formé les premières branches charpentières, on annule complétement tous les bourgeons nouveaux se développant sur ces branches. La tige mère, qui doit s'élever et fournir la charpente, sera constamment traitée comme celle de la première année.

Cette quantité de boutons tombés produit un refoulement de séve dans toutes les parties de l'arbre, et, quelques jours après revenant dans ses parties blessées, elle fait émettre, non pas un œil, mais deux yeux, qui se trouvaient à l'état latent aux deux côtés de l'œil enlevé. Cet ébourgeonnement donne donc deux yeux à la place d'un seul et au lieu d'être comme le premier un œil à bois, tous deux se tournent à fruits qui le plus souvent s'alternent entre eux, pour donner production.

D'après cette manière d'opérer toute dénudation est impossible ; car le refoulement de la séve, qui se fait chaque année, réveille quantité d'yeux en état de léthargie, lesquels donnent un renouvellement de productions fruitières. L'œil terminal de chaque branche de charpente ne doit jamais être touché, devant remplir la fonction d'aspiration pour la séve appelée à nourrir la branche, il a besoin de toute sa force pour ce travail ; et ce n'est qu'à la hauteur de la forme que l'on peut ébourgeonner l'œil terminal. Chaque année il suffira donc de répéter cette opération pour chacune des nouvelles branches de charpentes, afin d'avoir comme forme et comme fruit de l'extraordinaire.

La charpente pour la forme pourra se faire en bois ou en fil de fer, et, une fois faite, l'on n'aura qu'à palisser ces branches à mesure que le développement se fera ; de cette manière, la régularité sera complète, et des fruits beaux et nombreux seront suspendus à toutes les parties de l'arbre.

Ce système est très-avantageux pour l'arbre, soit comme nourriture, soit par l'absence des plaies qui laissaient échapper énormément de séve, et soit par le nombre de gourmands qui, supprimés, ne s'approprient plus la quantité de séve qu'ils absorbaient en pure perte ;

il se produit en outre un supplément de séve dans tout l'arbre par le grand nombre de feuilles qui accompagnent chaque bouton à fruit dont l'arbre est couvert, organes qui jouent un si grand rôle; par l'absorption qu'elles font sans cesse des gaz et de l'humidité contenus dans l'atmosphère, elles entretiennent une nourririture abondante pour le fruit et facilitent l'élaboration de la séve. Sous tous les rapports, ce système donne des résultats prodigieux et demande très-peu de temps comme exécution.

PINCEMENT.

Pour les arbres déjà d'un certain âge, on emploiera le pincement suivant, qui évitera la taille, donnera une fructification assurée, et empêchera les dénudations. Pour cela il suffira, au printemps, lorsque les bourgeons sont à l'état herbacé, de les pincer à deux feuilles, en ayant soin que ce pincement se fasse sur la seconde feuille. Quelque temps après, l'œil sur lequel s'est fait le pincement, se développe, recouvre entièrement la petite plaie, et devient dard à fruit le plus souvent. Au mois d'août, au moment de la seconde séve, il se développe, à l'aisselle, des feuilles laissées des sous-yeux, qui sont appelées à devenir brindilles ou gourmands. C'est à l'époque où ces yeux s'allongent qu'il faut les annuler complétement. Ce dernier travail fait, comme l'ébourgeonnement des jeunes arbres, émettre deux yeux, un de chaque côté de celui enlevé, qui, tous deux, se mettent à fruits, car la séve, revenant dans ses par-

ties, n'a plus assez de force pour y faire venir des bourgeons à bois. Ce pincement et l'ébourgeonnement se
ressemblent beaucoup comme manière d'agir et comme
résultat. Toutes les essences d'arbres contenues dans la
pomologie sont susceptibles du même travail; il n'y a
que le pêcher qui doit être excepté.

PÊCHER EN ESPALIER.

Tout en acceptant les systèmes usités de nos jours,
qui sont : remplacement de la coursonne et pincement
des bourgeons provenant de cette coursonne, j'ajouterai
un ébourgeonnement qui m'a toujours très-bien réussi.
Cet ébourgeonnement doit se faire au printemps; dès
que l'arbre est rentré en végétation et que l'on peut facilement distinguer les boutons à fruits, on enlève tous
les boutons à bois non accompagnés de boutons à fruits
se trouvant sur la coursonne fructifère, en ne laissant
que celui qui, étant le plus rapproché de la branche
charpentière, est appelé à remplacer la coursonne. Cet
ébourgeonnement étant fait de bonne heure, ne laisse
aucune plaie, multiplie et fortifie le fruit, empêche surtout les dénudations dans l'arbre par le refoulement de
la séve que produit la quantité d'yeux à bois enlevés.

TRANSFUSION.

N'ayant pas à craindre la surabondance de séve dans

un arbre, l'on peut et même on aurait avantage à se servir du système de transfusion pour n'importe quelle variété de fruits ou de terrains. La transfusion peut donner une activité de séve étonnante; les francs-de-pieds ou
les coignassiers devant être regardés comme de vraies
pompes aspirantes et refoulantes : aspirantes par l'aspiration que doivent faire leurs racines dans les entrailles
de la terre, et refoulantes par le refoulement que doivent faire les canaux séveux dans le réservoir où ils doivent accroître la quantité de séve qui sert à la nourriture de l'arbre, on arriverait, en maîtrisant cet apport
séveux, à une végétation extraordinaire. Les vieux arbres manquant de séve peuvent être ranimés par la
transfusion. Le pêcher, qui s'use si vite, vivrait de longues années de plus en lui fournissant de bonnes pompes
alimentaires.

Pour agir par transfusion on doit, une fois l'arbre
bien repris, planter, à un mètre de lui, deux arbres sur
lesquels il est susceptible d'être greffé, l'un à racines
traçantes, l'autre à racines pivotantes; ainsi pour le poi-
rier, un coignassier et un franc-de-pied; pour le pêcher, un amandier et un prunier; pour un cerisier, un
sainte-lucie et un franc-de-pied, etc. En les plantant, on
les incline légèrement du côté du sujet; à la seconde
ou troisième année, lorsque ces arbres commencent à
offrir une bonne vigueur, on pratique, au printemps,
une greffe par approche du sujet avec le sauvageon; la
greffe étant parfaitement prise, on détache le lien qui
avait servi pour la greffe afin d'empêcher l'engorgement
de séve; chaque année, il faut enlever les yeux qui se
développeraient sur le sauvageon. C'est le seul travail à
faire une fois la greffe reprise.

Je donne les arbres à racines traçantes et les arbres

à racines pivotantes comme devant être choisis pour opérer la transfusion, parce que tous deux donnent un supplément de séve différent; ceux à racines traçantes aident le sujet à nourrir ses fruits; ceux à racines pivotantes aident surtout à nourrir le bois. Cette différence de racines n'est à accepter que pour les terrains à sous-sol profond et de bonne consistance; pour les terrains n'ayant pas un bon sous-sol, on procédera de la même manière, mais avec deux sauvageons à racines traçantes. D'après cette méthode, on obtiendra, dans des terrains très-médiocres, une bonne végétation et une bonne fructification, si avec cela l'on donne au sol une fumure riche en matières nutritives.

FUMURES ET BINAGES.

Comme fumure, on ne doit donner à l'arbre qu'un terreau pouvant s'introduire facilement dans le sol contenant des sels propres à la nourriture du fruit et du bois; ce terreau doit varier selon le grain du terrain.

Pour un terrain argileux : fumier pailleux, tiges de pois, cendre de houille, tiges de bois morts ou verts, et poussière de chaux. L'on met le tout en tas par couches de vingt cinq centimètres, en saupoudrant chaque couche avec de la poussière de chaux et en intercalant les couches ainsi qu'il suit : 1° tiges de bois; 2° cendre de houille; 3° fumier pailleux; 4° cendre de houille, et 5° tiges de pois. Une fois le tas fait, on le couvre d'une couche de dix ou vingt centimètres de terre, que l'on tasse bien à la pelle pour que l'eau ne l'entraîne pas et que les gaz contenus dans le tas se volatilisent le moins possible.

Ce terreau doit être fait à l'automne et être arrosé de temps en temps, soit avec de la matière ou du purin ; pour faire cet arrosage, on pratique sur le tas plusieurs trous pour que le liquide s'infiltre facilement ; une fois l'arrosage fini, on rebouche ces ouvertures avec de la terre. Trois mois après avoir été mis en tas, il faut, avec une bêche, le couper par tranches verticales, bien le brasser, et le remettre en tas, en continuant de l'arroser jusqu'au moment de s'en servir, c'est-à-dire au premier binage du printemps.

Pour les terrains siliceux : 1° couche de fumier à l'état de beurre noir ; 2° gazons ; 3° curage de fossés, et 4° tiges de bois mises en tas d'après cet ordre et de la même manière que le premier.

Pour les terrains calcaires : 1° couche de fumier pas trop décomposé ; 2° vesces ; 3° gazons ; 4° féveroles, le tout préparé de la même manière.

Ces terreaux sont d'un grand effet, non-seulement pour les arbres fruitiers, mais aussi pour bon nombre de végétaux, tout en étant d'un prix modéré ; il suffit d'une petite quantité pour obtenir de bons résultats.

Au printemps, après avoir étendu le terreau autour des arbres, on pioche à dix ou quinze centimètres de profondeur, afin de briser la croûte qui s'est formée durant l'hiver, pour que les agents atmosphériques puissent pénétrer dans le sous-sol ; la fumure s'enfonce à mesure que les pluies adviennent, et, en entrant dans le sol, elle donne une nourriture excellente aux racines rampant sur le sol, attirées qu'elles sont par la chaleur, l'humidité et les gaz contenus dans l'atmosphère.

Mais si, par un labour, on détruisait les racines qui

serpentent sur le sol, on diminuerait de beaucoup l'absorption de nourriture qu'elles font, et les racines inférieures étant trop éloignées de la surface du sol, ne pourraient qu'avec beaucoup de difficultés puiser une nourriture suffisante pour le développement du fruit. Ces binages devront être renouvelés souvent, pour deux motifs : le premier, qui est d'empêcher la création d'une croûte, qui se forme très-vite dans les terrains argileux; la seconde, pour que le terrain soit toujours à l'abri des mauvaises herbes.

Je ne saurais trop engager les arboriculteurs à faire exactement les mêmes fumures et à employer le même genre de binage, lesquels m'ont donné les résultats les plus satisfaisants.

VIGNE

La vigne est un arbrisseau sarmenteux et à moelle spongieuse, garni de mains ou de vrilles. Les racines, nombreuses, ligneuses et vivaces, plongent moins dans le fond qu'elles ne tracent à la superficie de la terre, quoique plusieurs y pénètrent fort avant.

Le bois de la vigne est recouvert de deux écorces, l'extérieure et l'intérieure ; l'extérieure est, sur le jeune bois, d'une couleur plus ou moins foncée, suivant celle du fruit, et présente des fibres longitudinales, qui se détachent facilement ; celle intérieure est, au contraire, très-adhérente au bois, lequel est lui-même dur et sans aubier perceptible.

Les bourgeons de la vigne sont garnis de nœuds saillants, dont chacun porte généralement d'un côté un œil, et du côté opposé une grappe ou une vrille. Les feuilles sont alternes, divisées en cinq lobes inégaux, dont les bords sont dentelés irrégulièrement ; elles sont portées par des pétioles ou queues fortes, grosses, longues, cylindriques, de même nature que le sarment, dont elles sont le prolongement ; chaque queue présente à son insertion deux yeux, l'un petit, que l'on nomme faux bourgeon, se développe en même temps que la feuille, et si, dans une vigne vigoureuse, on le laisse subsister, il donne naissance à plusieurs autres bourgeons inutiles, qui se developpent et affament la plante; l'autre œil, gros, obtus, enveloppé d'une bourre très-fine et très-serrée, recouverte d'écailles, ne s'ouvre qu'après l'hiver; il est toujours double, et quelquefois triple.

Les bourgeons qui sont d'une force modérée, peuvent donner depuis une jusqu'à trois grappes; ces grappes peuvent périr soit par l'avortement ou le coulement; l'avortement a lieu lorsque l'acte de la fécondation est incomplet; dans ce cas, les grains sont sans pepins; ils n'atteignent pas la moitié de leur grosseur ordinaire, mais ils sont plus délicats au goût et mûrissent plus tôt que les autres. La coulure entraîne la perte d'une partie des grains, et quelquefois même de la grappe entière; elle est occasionnée par les pluies froides et continues dans le temps de la floraison; ne peut-on pas dire aussi: par les rosées de nuits trop froides? — Alors la corolle ne se détache point, les étamines restent collées, ne peuvent lancer leur poussière, et la fécondation n'a pas lieu.

Toutes les fois que la floraison de la vigne a lieu par un temps pluvieux accompagné de soleil et de chaleur, la fécondation n'en est pas moins complète, et le fruit réussit parfaitement. L'ovaire forme une baie charnue, qui contient depuis un jusqu'à cinq pepins presque ligneux.

Le raisin contient, outre la semence, deux substances très-différentes, la pulpe et la résine colorante. La pulpe forme le muqueux, le suc du raisin, et n'est généralement pas colorée; la résine colorante est adhérente intérieurement à la pellicule; elle conserve une espèce d'âcreté, malgré la maturité du fruit; la fermentation de la cuve développe, divise et mêle avec le suc du raisin toutes les parties de cette résine, ce qui produit la coloration du vin. La grappe est formée de plusieurs grapillons ou bouquets, dont les supports sont attachés dans un ordre alterne sur la queue ou rafle, et sont de même nature que les vrilles.

Tous les vignerons qui n'ont aucune teinture de cette physique instrumentale et expérimentale dont j'ai parlé, ne travaillent le plus souvent qu'au dépérissement et à la destruction des vignes. Si, malgré le mauvais traitement qu'elles éprouvent, elles ne laissent pas de produire du fruit, quelle ne serait pas leur abondance et la qualité du vin si elles étaient traitées avec raisonnement? Que de fléaux seraient éloignés qui paraissent inguérissables.

D'où vient que la vigne résiste à tous les mauvais traitements qu'elle éprouve? C'est parce qu'elle est très-abondante en séve et très-robuste.

Sa plantation, sa taille, son ébourgeonnement, sont vicieux; ses labours sont mal entendus, et, pour tout le reste, l'on agit sans règle fixe.

Consultez différents vignerons, et suivez-les dans leurs pratiques, vous verrez qu'ils ne sont pas plus en état d'en rendre raison que les jardiniers de la conduite de leurs arbres.

Tant qu'on défoncera un terrain déclive par fossés obliques, et que l'on plantera aussi profondément, avec des lignes de ceps très-rapprochées, comme cela se pratique dans la plupart des vignobles, où l'on voit les rameaux empêcher le soleil et l'air de circuler librement, il ne faudra pas compter sur la guérison de ces pauvres vignobles qui chaque année sont plus ou moins ravagés.

Qu'est-ce que l'on voit encore dans les vignes? quantité de chicots, bois morts, fausses coupes non recouvertes, chancre, gale et mousse au pied d'un grand nombre de ceps.

Je suis fort éloigné de penser qu'aucun vigneron soit assez dépourvu de sens pour les croire utiles à la vigne; mais la plupart regardent la chose indifféremment, se disant: —L'on a toujours fait comme cela, je continue. Mauvaise parole, car pour tous les hommes s'occupant de culture il est d'obligation de chercher continuellement à renverser, par des moyens efficaces et mieux entendus, les ennemis qui se déclarent contre la végétation ou la fructification.

Du fonds de terre, du climat et de l'exposition propres à la vigne.

Lorsqu'il s'agit de planter une vigne, on préfère les terres maigres, sèches, légères et couvertes de petites pierres qui renvoient les rayons du soleil, aux terres franches et fortes, remplies de sucs et de sels, quoique cet arbrisseau pousse plus vigoureusement dans celles-ci et qu'il y rapporte le triple et le quadruple. Deux raisons ont déterminé cette préférence : la nécessité et l'utilité.

La nécessité, parce qu'on réserve les terres qui ont du corps pour y semer des grains, dont la récolte serait difficile partout ailleurs. L'utilité ensuite, parce que les sucs trop épais et trop substantiels, ne peuvent faire qu'un vin dur et grossier ; tandis que dans les terres légères, pénétrées plus aisément par l'air et le soleil, il est plus spiritueux.

A quelle autre plantation que celle de la vigne pourrait-on, dans les climats qui lui sont propres, employer les montagnes, les collines et les coteaux un peu élevés ainsi que les terres sablonneuses et pierreuses ?

Les coteaux, sans être roides, doivent avoir une pente douce pour faciliter l'écoulement des eaux et recevoir en totalité les rayons du soleil ; les vignes qui y sont situées donnent un vin excellent.

L'exposition la plus favorable à la vigne est le midi dans les pays froids, et le levant dans les pays chauds ; celle du couchant, quoique inférieure aux deux premières, a aussi ses avantages. L'exposition du nord est bannie de tout bon vignoble.

Défoncement.

Le défoncement d'un terrain ou miné se fait généralement par fossés obliques, ayant en largeur soixante-dix ou quatre-vingts centimètres sur soixante ou soixante-dix de profondeur. Ce défoncement dans les terrains à sous-sol perméable et de bonne consistance est suffisant pour y obtenir une bonne végétation. Mais si à la place d'un terrain riche en sous-sol on a affaire à un terrain à sous-sol imperméable formant plafond, tel que certains terrains gorreux, argileux ou rocheux, ce genre de défoncement aura de grands inconvénients. Voici

2

comment : tous les terrains sujets à recevoir de la vigne ont des inégalités, comme surface plus ou moins, mais tous en ont. D'après ce principe il est impossible lorsque le minage s'effectue d'empêcher deux choses de se produire : la première qui est la descente de la terre ; la seconde qui est de laisser dans le sous-sol des inégalités qui forment de vrais barrages pour les eaux.

Ce premier inconvénient se fait sentir au bout de quelques années, lorsque l'on est obligé de remonter la terre à grands frais. Le second amène, lorsque la vigne est en plein rapport, la perte de bon nombre de ceps dont les feuilles commencent à jaunir ou rougir, l'extrémité du bourgeon blanchir, le raisin à se dessécher et la végétation à s'arrêter presque spontanément : car les barrages qu'occasionne ce défoncement à fossés obliques arrêtent l'eau qui se trouve dans le terrain ou celle provenant des pluies ; cette eau rencontrant un sous-sol imperméable séjourne dans ces parties basses ; au bout d'un certain temps, si l'évaporation n'a pas eu lieu, elle se corrompt, refroidit et rend impropre à la nourriture des racines le terrain qu'elle imprègne.

Si on examine les racines des ceps se trouvant dans cette humidité infecte, on s'aperçoit facilement qu'elles sont le siége des altérations les plus profondes ; on les trouve toujours molles et pourries ; leurs tissus, hypertrophiés et sans consistance, ne résistent pas à la pression des doigts. Si les ceps ainsi attaqués ne périssent pas entièrement, c'est grâce aux racines chevelues se trouvant au-dessus de la région humide : étant moins attaquées elles donnent au cep une séve appauvrie qui n'a que la force d'entretenir la vie pendant quelque temps, sans pouvoir y amener la végétation.

Longtemps j'ai cherché par le raisonnement et la

pratique ce qui pouvait engendrer ces altérations si fré-
quentes, apparaissant brusquement et enlevant, presque
chaque année, la récolte des ceps devenus leur proie
jusqu'à leur anéantissement complet. La pratique m'a
démontré que le minage en était la principale cause ;
car ayant fait miner, selon ma méthode, un terrain gorreux, habituellement très-humide et à sous-sol plafon-
neux, j'ai obtenu une végétation luxuriante et éloigné
ces malaises qui détruisent un si grand nombre de ceps.

Le défoncement doit avoir lieu de la manière sui-
vante : l'année qui précède le minage d'un terrain,
on y sème soit trèfle, pois, vesces ou féveroles ; au moment où la plante arrive à sa période de floraison, on
commence le minage en creusant les fossés de bas en
haut du terrain ; la largeur doit être de soixante centimètres sur soixante-dix de profondeur. Avant d'entamer
le premier fossé on sème à la volée de la poussière de
chaux sur la partie que l'on pense miner dans la jour-
née ; si le terrain est compacte la quantité de chaux devra être plus grande. Le minage fait dans ces conditions
donnera les résultats les plus satisfaisants, chaque fossé
est un drainage pour le terrain ; les racines des ceps
peuvent ramper sur le plafond du sous-sol sans y être
attaquées par une trop grande humidité. La terre des
fossés est plus tôt remontée que descendue, le travail se
faisant en montant.

Dans ce terrain remué se trouve enfouie une fumure
essentielle pour la nourriture des jeunes racines, elle
donne au terrain une douce chaleur et aux ceps une
belle végétation et de bonnes productions qui récom-
pensent largement des soins que l'on a pris pour exé-
cuter ce travail convenablement. Sous tous les rapports ce système doit être accepté, comme étant le seul

efficace et pratique qui puisse rendre la sécurité à nos vignerons.

Plantation.

Un bon défoncement et une bonne plantation sont essentiels pour avoir une bonne vigne ; si l'un ou l'autre est mal fait tout s'en ressent et malgré tous les soins que l'on peut y apporter plus tard, on obtient jamais d'excellents résultats. L'on ne saurait donc trop y prêter attention.

La plantation doit se faire en février ou mars. Comme sarments à planter on les choisira très-sains et, autant que possible, avec talon sur vieux bois, ou s'ils n'en ont pas on en formera un en partageant l'œil placé en dessous du premier qui est appelé à donner racines, le mérital laissé entre ses deux yeux forme talon et assure la végétation du premier œil. L'on doit planter dans les terrains forts à quatre-vingts centimètres carrés et dans les terrains légers à un mètre carré.

Au moment de la plantation on se procurera un récipient pouvant contenir un millier de sarments , dans lequel on mettra des excréments de bêtes à cornes , de bonnes cendres de bois non lessivées, deux ou trois poignées de poussière de chaux ; on videra de l'eau de manière à former une boue épaisse dans laquelle on fait tremper le sarment jusqu'à la hauteur de trente centimètres. Lorsqu'arrive le moment de la plantation, on prend les premiers sarments qui ont été plongés dans le bain, afin que tous y restent à peu près le même temps. La profondeur à donner au sarment est de trente centimètres ; l'on a soin en le posant de bien lui faire toucher le fond. L'enchassage doit être fait avec beaucoup d'attention, avec de la terre friable et riche en matières nutritives. La pratique m'a prouvé, que ce genre de plantation était le seul offrant une parfaite réussite. Je ne saurais donc trop engager à son adoption.

De la taille de la vigne et de son ébourgeonnement.

Faut-il tailler la vigne court ou long, laisser peu ou beaucoup de coursons, effectuer la taille tôt ou tard ? Voilà les questions que l'on se pose quand arrive le moment de la taille. A cela je répondrai : il faut laisser deux seuls coursons, l'un court pour le bois et l'autre un peu plus long pour le fruit, système qui est, en sub-stance, celui de M. Guyot, amélioré par le rajeunisse-ment que je fais subir aux ceps l'économie dans les échalas et les soins à donner au terrain durant l'année.

La taille peut se faire à partir de la chute des feuil-les, dans les terrains exposés au midi qui n'ont point à craindre les gelées tardives. Mais dans les climats où les gelées sont à craindre et où les vignes sont ex-posées à l'action des vents du nord elle ne doit être faite que quelque temps avant la végétation. Une vigne taillée avance davantage que lorsqu'elle ne l'est point, parce qu'elle a moins de bois à nourrir : il est certain que la séve employée des racines, et qui eût été répartie dans les branches que l'on a ôtées n'étant plus portée que vers

le seul bois taillé, doit avoir bien plus d'action au temps
de la pousse.

Ce n'est guère qu'à la seconde ou troisième année de
plantation que commence la taille de la vigne, les années avant n'étant qu'un éborgnement d'yeux.

La végétation étant déjà forte demande en plus de la
taille un ébourgeonnement appelé à fortifier le bois et
le raisin. Cet ébourgeonnement doit se faire au printemps, lorsque la végétation a fait développer les yeux ;
l'on enlève tous les bourgeons qui n'ont pas de raisins,
en ne laissant que celui qui paraît le plus vigoureux.

Lorsque le raisin a passé la fleur , pour augmenter
l'action de la séve l'on pince le bourgeon à deux yeux
au-dessus du raisin ; le refoulement de la séve que produit ce pincement se porte sur le raisin, le fait allonger
et lui donne une nourriture abondante ; de plus il fait
émettre, dans l'aisselle des feuilles , quantité de sous-
yeux qui, par l'aspiration qu'il font dans l'atmosphère,
donnent un supplément de nourriture. Ce pincement et
cet ébourgeonnement facilitent l'aération et la lumière
qui rendent la maturité plus complète.

Pour la taille, le sarment qui a été laissé dans toute
sa grandeur doit être taillé à cinquante centimètres et
parmi ceux laissés l'on choisit celui dont les yeux sont
les mieux constitués et on le taille à deux yeux, en laissant le mérital compris entre le deuxième œil et le troisième, ne faisant la coupe qu'au milieu du troisième.
Ce mérital laissé empêche que les agents atmosphériques n'attaquent le premier œil : tous les autres
sarments doivent être retranchés le plus près possible.
Dans ces deux sarments l'un est appelé à donner le fruit,
l'autre le bois. Celui taillé à cinquante centimètres devra, une fois les gelées tardives passées, être incliné en

sens horizontal et être fixé à un échalas qui, étant entre les deux ceps, servira d'appui aux deux branches frui-tières qui devront être à vingt centimètres au-dessus du sol, de manière à ce que le raisin ne touche point à terre et que l'aération se fasse convenablement. Ce même travail doit se faire chaque année.

Rajeunissement de bois et racines tous les six ans.

A la troisième année de la plantation, le pincement et l'ébourgeonnement font sortir un ou plusieurs rejets au pied du cep. Parmi ces rejets l'on doit choisir celui qui se trouve placé le plus bas et détruire les autres. Ce rejet laissé se pince à trois yeux au-dessus du sol à la taille ; il doit être respecté et taillé à deux yeux. L'année d'après, au printemps, l'on enlève à nouveau les rejets qui se seraient développés et les bourgeons de celui laissé à la taille doivent être pincés à trois yeux. A la troisième année d'existence on laisse végéter sur ce rejet le sarment le plus vigoureux, en pinçant les au-tres à trois yeux. Le cep portant ne devra, cette année-là, pas avoir un sarment de remplacement pour le fruit de-vant être inutile. C'est lorsque ce moment est arrivé, qu'à la taille, l'on enlève complétement le vieux cep aussi près que possible de la naissance du nouveau qui doit, la même année, donner une récolte abondante. La même année de nouveaux rejets se représentent au pied du cep ; l'on pratique de la même manière que pour ce premier rajeunissement.

Ce travail donne renouvellement de bois et de racines, tous les six ans des récoltes abondantes, un vin
meilleur et éloigne toutes espèces d'insectes ; ayant une
décomposition continuelle souterrainement l'odeur que
produit cette décomposition empêche l'approche des
insectes qui ne pourraient y subsister. La pratique a
démontré que chaque branche d'un végétal a souterrainement des racines qui lui sont propres. Partant de
ce principe, si l'on enlève non pas une branche, mais le
végétal presque complet, toutes les racines qui lui étaient
adhérentes périront, et en périssant se décomposeront
et formeront une nourriture essentiellement nutritive.
Pour les racines du nouveau cep se sera donc une fumure excellente mise à la disposition des racines, sans
débourser un centime comme achat et comme enfouis-
sement.

Il ne faut pas confondre cette fumure de décomposition de racines avec les excréments que produisent les
racines : car l'un est impropre comme nourriture et
même contre la végétation des racines : ce sont les excréments ; et l'autre par sa composition des els alcalins,
renferme une vie nouvelle pour la végétation de même
nature ; cette décomposition n'étant que des racines
pleines de santé qui ne sont mortes qu'à cause de l'en-
lèvement du cep à qui elles appartenaient.

Comme récoltes tout assure qu'elles devront être abondantes, une bonne végétation et des yeux sans cesse sur
du jeune bois donneront, par la nourriture qu'a reçue
l'œil, triples grappes bien nourries. Le renouvellement
de bois qui se produit éloigne les insectes et les gelées
par ses tissus serrés qui n'offrent à l'insecte aucun loge-
ment pour s'y hiverner, à l'humidité aucune crevasse
où elle puisse s'introduire et amener, par la gelée, la

mort du membre attaqué ; ce que présente tous les ceps d'un certain âge qui se couvrent de mousse, se crevassent, deviennent chancreux et subissent tous les ravages des insectes et de la gelée ; ce qui cause, chaque année, dans nos vignobles des pertes irréparables.

Comme qualité de vin, plus le raisin est bas, sans cependant toucher à terre, plus il acquiert de maturité et de qualité ; la réverbération de la chaleur des rayons du soleil rejaillit sur les raisins, contribue à leur goût et à leur maturité. La vigne, dans cet état, est abritée des vents, et son fruit n'est point égrené par leurs secousses.

Pour les vignes qui sont déjà âgées et que l'on voudrait traiter d'après ce mode de taille, il suffira, comme pour une jeune vigne, d'utiliser un des rejets qui surviendrait au pied du cep et de lui faire subir le même travail. L'on arrive avec de bons engrais à ramener dans ces anciens vignobles une jeunesse complète de ceps qui donnent pendant longtemps encore une végétation et une fructification des plus abondantes. Dans tous les végétaux ce qui fait vieillir et périr, ce n'est autre chose que le bois : les racines vieillissant n'ont plus leur canaux séveux, larges et vigoureux, mais des canaux tellement restreints et petits que la séve ascendante et descendante qui y circule n'a plus la force d'y amener de la végétation, et sans la végétation la fructification n'est pas possible ; ses canaux finissent par s'obstruer complétement par un engorgement de séve appauvrie qui devient à l'état de gomme et qui donne quelques petits rameaux proportionnés à ses canaux, et finalement membre par membre la mort se fait sentir, chaque année, jusqu'à ce que le cœur même du végétal se trouve d'être attaqué, ce qui est le coup fatal.

Mais si l'on arrive à pouvoir éloigner ces vieux bois et ces vieilles racines, par un renouvellement complet de cep, cette vieillesse ne pourrait se faire sentir que lorsque le terrain, par la trop grande quantité de nourriture qu'on lui aurait demandée, vieillira lui-même, ne pouvant plus substituer aux racines la nourriture qu'elles lui réclament. Cette vieillesse se ferait bien attendre, surtout si l'on pratiquait consciencieusement la fumure que j'indique, comme devant lui être donnée. Agissez donc sans crainte, car tout vous assure un bénéfice réel et un succès complet.

Soins à donner au terrain durant l'année.

Le terrain ne réclame que des binages très-souvent renouvelés dans les terrains forts et beaucoup moins dans les terrains légers. Le premier binage doit se faire au mois de décembre, pour que les agents atmosphériques, surtout le gel et le dégel, puissent pénétrer dans le sol pour le bonifier; le second après la taille, et dans le courant de la végétation; ils seront répétés deux fois, en choisissant un temps propice pour ce travail. Il suffit pour bonifier le sous-sol de casser la croûte qui se forme superficiellement, et de détruire les mauvaises herbes. De cette façon on endommage pas les racines traçantes presque à fleur du sol, lesquelles sont les nourricières du raisin; elles puisent là, à leur gré, les gaz et l'humidité contenus dans l'atmosphère. Cette nourriture serait bien diminuée si on les éloignait de cette proximité de la surface de la terre, par un piochage trop profond.

Je ne saurais trop m'appesantir sur ce point capital qui, mis en pratique, donne de si grands bénéfices comme végétation et fructification, tout en diminuant la peine de l'ouvrier.

On ignore pas que la plupart des vignerons ont coutume de descendre profondément dans le sol avec la pioche à dents ou même avec la bêche. Cette coutume est, selon moi, inintelligente et désastreuse.

Fumure de la vigne.

Pour les terrains argileux on aura à préparer le compost suivant par couches de vingt-cinq centimètres saupoudré avec de la poussière de chaux : 1° sarments provenant de la taille ; 2° boues des routes ; 3° marc du raisin ; 4° cendre de houille ; 5° tiges de bois mort ou vert ; 6° fumier pailleux, le tout recouvert d'une couche de terre pour que les gaz ne se volatilisent pas. Si on le peut, de temps en temps, arroser cette masse.

Au printemps on la brassera bien, on la mélangera avec une certaine quantité de chaux réduite en poussière, avec du sulfate d'ammoniaque de chaux, provenant de l'épuration du gaz d'éclairage (avoir soin, avant de la mettre dans le compost, de laisser à l'huile bitumineuse le temps de se volatiliser, car cette huile est funeste aux végétaux) et de sel marin ; le tout devra être proportionné au tas. Pour un mètre carré de compost l'on mettra en plus'de ce qui aura servi pour la décomposition du tas : chaux dix litres, sulfate d'ammoniaque cinq litres, chaux des usines à gaz cinq litres, sel marin dix litres. Le tout doit être bien brassé et remis en tas jusqu'au moment de s'en servir. Pour les terrains siliceux : 1° sarments, 2° curage de fossés, 3° fumier bien décomposé, 4° marc du raisin, 5° débris herbacés, 6° tiges de bois mort ou vert. Pour les terrains légers et calcaires : 1° sarments, 2° débris de plantes, 3° tiges de bois, 4° marc de raisin, 5° fumier pas trop décomposé , 6° gazons. Ces deux derniers composts doivent être traités comme le premier, si ce n'est la chaux qui, au lieu de dix litres, ne doit être que de cinq.

Ce terreau donne une végétation étonnante, éloigne les insectes et la maladie : les insectes, par le goût que donne cette fumure au terrain ; la maladie, étant le le plus souvent occasionnée par des brouillards malsains qui séjournent sur les végétaux, [ces brouillards sont écartés par l'évaporation tiède que produit la fumure. Cette fumure produira un très-bon effet pendant dix ans à raison de cinq mètres carrés pour un arc.

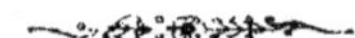

GRANDE CULTURE

PRINCIPES ÉLÉMENTAIRES

Il est triste de penser que, malgré les ouvrages d'agriculture depuis si longtemps répandus dans tous les coins de la France, il y ait encore des cultivateurs qui ne connaissent pas le premier mot d'une instruction superficielle du genre de culture qu'ils font journellement. Je me permettrai donc de reproduire d'une manière brève et précise ce qui est le plus utile à connaître pour arriver à cultiver avec raisonnement et obtenir de bons résultats. Je commencerai ces quelques conseils, par les notions préliminaires sur les trois règnes de la nature.

LES TROIS RÈGNES DE LA NATURE

On a divisé tous les êtres qui existent à la surface ou dans l'intérieur de la terre en trois classes qu'on a nommées les trois règnes de la nature, savoir : 1° le règne minéral ; 2° le règne végétal ; 3° le règne animal.

Le règne minéral comprend les pierres, les sels et les métaux ; le règne végétal comprend tous les végétaux, depuis les plus grands arbres, jusqu'à la plus petite plante ; le règne animal comprend l'homme et tous les animaux.

Parmi les êtres qui existent les uns sont doués de la vie, tels sont les hommes, les animaux et les végétaux. On les appelle corps organiques ; les autres sont inanimés, c'est-à-dire, sans vie, comme les minéraux, les pierres, la terre, etc. On les appelle corps inorganiques, c'est-à-dire qui n'ont pas d'organes. Les organes sont les parties du corps qui concourent à l'entretien de la vie.

TERRE ARABLE.

La terre arable est celle qui est propre à la culture. Elle est composée : 1° de roches émiettées par les influences de l'air, de l'eau, de la chaleur et de la gelée ; 2° des débris des plantes et des animaux, qui forment ce qu'on appelle humus ou terreau.

ESPÈCES DE TERRAINS.

Il existe trois espèces de terrains : terrain calcaire, terrain argileux et terrain siliceux ou sableux.

Le terrain calcaire est celui qui contient de la chaux ; il fait effervescence ou bouillonne lorsqu'on y verse du vinaigre fort ou des acides. Ce terrain l'emporte sur tous les autres par la force et la variété des végétaux qu'il nourrit. Les bêtes à cornes, qui s'entretiennent par les plantes qu'il produit sont moins petites, moins maigres que celles qui vivent sur des terrains d'une autre composition ; leur lait est plus abondant et fournit plus de beurre et plus de fromage.

Le terrain argileux que l'on nomme terre forte, ne fait point effervescence quand on vide dessus soit du vinaigre, soit des acides. Quand on délaye cette terre avec de l'eau, elle forme une pâte douce au toucher. C'est avec cette terre que l'on fait les tuiles, les briques et la poterie. Le terrain argileux conserve longtemps son humidité. Quand il se dessèche il devient très-dur, se fendille et serre fortement les plantes et les racines qui ne peuvent s'étendre.

Le terrain siliceux ou sableux se distingue facilement. Il ne fait pas effervescence avec les acides ; il ne se lie pas quand on le délaye avec de l'eau ; il est rude au toucher. Ce terrain craint beaucoup la sécheresse, parce qu'il ne se lie pas comme les autres terrains, qu'il absorbe moins d'eau et qu'il la laisse échapper plus facilement.

AMENDEMENTS

ou

ENGRAIS INORGANIQUES

On amende un terrain en y ajoutant l'espèce de terre qui lui manque. Lorsqu'une terre est trop argileuse et qu'elle retient trop d'eau qui nuit, par son excès, à la santé des plantes, on l'amende en y ajoutant du sable qui aide le filtrage des eaux : il sert de plus, en le divisant, à y faire pénétrer les influences de l'air.

Si la terre est trop siliceuse ou sableuse, elle manque de corps, elle ne retient pas assez l'humidité nécessaire à la végétation ; l'argile lui donne du corps et retient une certaine quantité d'humidité pour le besoin des plantes, quand la sécheresse arrive.

Chaux.

Parmi les amendements la chaux doit être mise en première ligne ; elle sert à décomposer les matières organiques, qui sont dans le sol, et à les rendre propres à la nutrition des plantes ; elle divise aussi les terres fortes, aide le filtrage des eaux, donne plus d'accès aux influences de l'air et plus de facilité aux racines des plantes, pour s'étendre et trouver leur nourriture.

Dans les nouveaux défrichements, dans les sols très-froids, la chaux produit avec avantage cette décomposition qui profite aux plantes. Dans toutes les récoltes on trouve de la chaux, même lorsque le sol sur lequel elles croissent n'en contient que des quantités presque insensibles. Il y en a dans le grain, dans la paille, dans les différentes racines, beaucoup dans le trèfle. Quand le sol n'en a pas, la nature fait donc un travail, que nous ne connaissons pas, pour procurer cet élément aux plantes. En chaulant la terre, on facilite et on abrége probablement ce travail.

La quantité de chaux à donner au sol, qui n'en contient pas, dépend du terrain et surtout de l'action qu'on suppose à sa durée, action qui n'est pas déterminée.

En Normandie dans les sols argileux de 72 à 80 hectolitres par hectare, tous les neuf ans. Dans les sols secs de 18 à 24 hectolitres par hectare, tous les six ans. En Bresse et dans la Dombe de 48 à 72 hectolitres par hectare, tous les douze ans. Dans la Mayenne de 18 à 30 hectolitres par hectare, tous les six ans. En Angleterre de 210 à 240 hectolitres, tous les dix ans.

Il ne faut jamais abuser de la chaux, il faut toujours fumer avant ou après les chaulages. Les plantes qui se trouvent les mieux de la chaux sont : la luzerne, le trèfle, le sainfoin, le froment, l'avoine, la pomme de terre, les pois, les betteraves.

Application de la chaux.

En France on suit le procédé suivant : pendant l'hiver on rassemble sur l'un des côtés du champ qu'on appelle en Bresse et en Dombe le *cheintre*, on rassemble sur le cheintre la terre qui si trouve accumulée par les labours. Cette terre est toujours de bonne nature et son élément contribue à l'assainissement du champ. On y ajoute des gazons, des curures de fossés, de la boue des cours ; lorsque le cheintre a été pioché, quand le gazon qui recouvrait le sol a été divisé, que les boues et les diverses curures sont sèches on les dispose en forme de tas prismatiques triangulaires. Ces tas s'appellent tombe. On laisse ces tas se mûrir jusqu'en janvier, et c'est en février qu'on procède à l'extinction de la chaux que l'on destine aux semailles de printemps. Au moment où l'emploi de la chaux est arrivé on défait la tombe ; on met une couche de terre de vingt à trente centimètres d'épaisseur, lit sur lequel on met de la chaux vive ; on remue le tas cinq à six fois pour bien mélanger la terre et la chaux ; et cette opération se répète deux ou trois fois.

Avant d'enfouir la chaux on donne un coup de herse léger pour niveler le sol ; puis l'on répand la chaux aussi uniformément que possible, par un beau temps et sur un sol sec ; si le temps est pluvieux la chaux forme une pâte qui se mélange fort mal avec la terre, et elle perd par cela seul ses propriétés fertilisantes.

La chaux s'enterre par un bon labour ; il sera avantageux de le faire précéder par un hersage qui aidera à la répandre d'une manière bien égale.

Marne.

La marne est un mélange de chaux, d'argile, de si-

lice et d'autres substances en proportions plus faibles.
Elle fait effervescence avec les acides..Lorsque l'argile
domine elle est dite grasse, et convient aux terres légères, si c'est la silice, la marne est maigre, et convient aux terres fortes. La quantité de chaux contenue
dans la marne varie de quinze à quatre-vingt-dix pour
cent. Le caractère essentiel de la marne est de se réduire en poussière. Mais pour qu'elle se délite bien,
elle doit rester, autant que possible, une année en tas
sur la terre. Elle s'imbibe facilement d'eau ; pendant
l'hiver cette eau se congelant augmente de volume et
réduit en poussière tout ce qu'elle pénètre. Elle produit tous les bons effets de la chaux.

Plâtre.

Le plâtre, ou sulfate de chaux, vient de la pierre à
plâtre qu'on appelle gypse. Il convient au trèfle, à la
luzerne, aux vesces, à la lupuline, au petit trèfle jaune,
aux haricots, aux pois, aux fèves. Le plâtre peut dou-
bler le produit des prairies artificielles.

En Angleterre des expériences ont prouvé que si, en
moyenne, la récolte non plâtrée donnait cent, la récolte
plâtrée donnait deux cent trente-un. Des expériences
dans le midi de la France donnent cent pour la récolte
non plâtrée, et seulement cent quatre-vintg-dix pour
celle plâtrée. On répand le plâtre à la volée au printemps, lorsque les plantes commencent à couvrir le sol.
Il faut choisir un temps calme, le matin, ou le soir,
lorsque les feuilles sont humides, afin que le plâtre s'y
attache facilement ; si on craignait la pluie il faudrait

remettre le plâtrage à un autre jour, car l'opération
est d'autant meilleure que le plâtre reste plus longtemps
sur les feuilles.

La quantité de plâtre à employer par hectare varie
suivant les pays. En Angleterre 5 hectolitres 44 litres
par hectare; en France, dans le midi, en moyenne 600
litres par hectare; en Bresse un quintal ordinaire par
coupée, c'est-à-dire 750 litres par hectare. Le plâtre agit
favorablement sur les sols secs, sur les terres sablonneuses, riches et les terrains argileux moyennement per-
méables et fertiles. Les effets du plâtre sont nuls dans
les sols humides, quelle que soit leur nature.

Cendres.

Les cendres, comme la chaux, sont un amendement,
et ne doivent aussi s'employer que concurremment avec
le fumier. Elles contiennent des substances qui agissent
favorablement sur les plantes, parce qu'elles en ont besoin pour vivre et pour croître. Leur efficacité est telle,
que les peuplades de l'Amérique brûlent leurs forêts
pour se procurer cet engrais précieux.

On en répand 40 à 50 hectolitres par hectare, à la
manière de la chaux. Sa durée est de dix ans.

Les cendres de houille de Saint-Étienne, contenant
beaucoup d'argile calcinée, s'emploient avec avantage
dans les terres fortes comme amendement. Les cendres
lessivées font un grand effet sur les prés un peu humides, pourvu qu'elles ne soient pas lavées par des
eaux courantes. Elles changent la nature de l'herbe,

font pousser, à la place du jonc, un petit trèfle jaune qu'on n'y voyait pas auparavant.

Suie de bois.

La suie est un produit charbonique très-léger, très-divisé, qui se dégage pendant la combustion du bois. La suie est un amendement énergique pour tous les sols et surtout pour les terres argileuses, siliceuses, argilo-calcaires, et silico-calcaires.

Epoque d'application.

La suie ne peut être employée qu'au printemps, en mars ou avril, sur les céréales d'automne, les prairies naturelles ou artificielles. La suie se répand après les gelées tardives ; elle doit se répandre par un temps calme, et lorsqu'on présage une pluie, afin qu'elle agisse immédiatement, l'eau faisant fondre ses parties solubles. On la mélange quelquefois avec de la terre pour faciliter l'épandage.

La suie a une action vraiment remarquable sur les céréales. Appliquée, au printemps, sur du froment maladif elle lui communique par l'influence de la pluie une grande vigueur ; les feuilles, de jaunes qu'elles étaient, deviennent d'un vert foncé. Elle exerce une heureuse influence sur le colza et le trèfle. Dans les prés, elle détruit la mousse et d'autres plantes nuisibles ; pour que son action soit efficace, il faut que la prairie soit saine.

On emploie encore la suie en horticulture lorsque l'on veut ranimer des arbres fruitiers dont la mort prochaine est annoncée par la coloration jaune des feuilles. On fait encore usage de cette substance pour préserver le colza de l'attaque des pucerons, de l'altise particulièrement ; son odeur forte les chasse et les tue. La suie est un amendement dont la durée ne dépasse pas un an. On en met à raison de 12 à 20 hectolitres par hectare.

Suie de houille.

On l'applique avec beaucoup d'avantage sur les sols crailleux et calcaires, elle ne produit aucun effet dans les sols argileux et humides ; elle se répand à la pelle pendant le mois d'avril. On en met principalement sur le froment d'automne, sur le trèfle et sur l'orge. Pour l'orge on la répand avec la semence et on recouvre le tout avec la herse. On en met de 18 à 25 hectolitres par hectare.

Du sang.

Le sang est une substance animale très-riche que l'on applique dans les terres pour pousser la végétation. Le sang se décompose très-rapidement : aussi pour éviter cette décomposition on le mélange avec de la terre glaise séchée au four et réduite en poussière. Dans les fermes on emploie toujours cette manière ; on le répand sur le colza particulièrement ; on pourrait encore le mélanger avec le fumier, et le porter ainsi dans les terres.

Epoque de l'emploi du sang.

Le sang doit être employé de préférence au printemps sur les plantes, mais avant leur floraison ; de cette manière les plantes peuvent l'absorber tout de suite ; si au contraire on le mettait à l'automne, cet engrais pourrait entièrement se perdre en se décomposant sans aucune utilité pour la végétation.

Poudrette.

On donne le nom de poudrette aux excréments humains que l'on a exposés pendant quelques années à l'action des agents atmosphériques, pour qu'ils deviennent pulvérulents. La poudrette est brune, peu odorante, à peu près du même poids que le seigle à 70 litres. Cet engrais est souvent frelaté avec de la tourbe et de la terre, ce qui en diminue beaucoup la valeur fertilisante.

Elle s'emploie sur tous les terrains, elle se répand sur le labour des semailles avec les semences. On la répand à la main ou à la volée ; elle s'applique de préférence sur le chanvre, le tabac et le céréal.

Os.

Les os s'emploient dans la culture à l'état pulvérulent. Les os pulvérisés se répandent de préférence dans les terres calcaires qui les décomposent facilement. Dans les terres froides et argileuses les os produisent peu d'effet, à moins d'être chaulés.

Fumier ou engrais organiques.

Les engrais sont si essentiels en agriculture, qu'il serait aussi impossible de cultiver des terres sans leur rendre, par les engrais, ce que leur enlèvent, chaque année, les récoltes produites, qu'il le serait d'entretenir des troupeaux sans leur donner à manger. On appelle engrais organiques toutes les substances, solides ou liquides provenant des plantes ou des animaux, et qui, par leur décomposition, deviennent propres à fertiliser la terre. Les dépenses de culture sont aussi fortes pour un terrain mal cultivé et mal fumé, que pour un terrain soigné et bien fumé, l'un rendant peu et l'autre beaucoup.

Pour obtenir du bétail une grande quantité de fumier il y a trois points importants : 1° le nourrir copieusement; car la quantité de fumier est en proportion de la quantité et de la qualité de la nourriture que reçoivent les bêtes; 2° lui fournir constamment une litière abondante, de sorte qu'aucune portion des urines ne se perde; 3° le tenir toute l'année à l'étable. La bête qui reste à l'étable produit quatre à cinq fois plus de fumier, et du meilleur, que celle qui est mal nourrie et qui va la moitié de l'année aux champs.

Purin.

Il suffirait d'un peu de bonne volonté de la part du cultivateur pour ne perdre rien du suc que contient le purin; pour cela, il n'aurait qu'à établir une fosse murée ou seulement enduite d'argile ou de terre forte, qui recueillerait les urines de ses étables, et une autre où tomberait le jus de ses fumiers. En alternant avec le plâtre, il produit des effets qui paraissent prodigieux; on en obtient, sur des sables très-maigres, des récoltes aussi abondantes que dans les terres les plus fertiles. On le répand également sur les prés et sur les blés.

Emplacement du fumier. — Colombine et vidanges.

L'emplacement pour un fumier doit être sur une surface presque horizontale, légèrement inclinée vers un de ses côtés; on la recouvre d'une couche de terre grasse afin que le jus ne se perde pas dans la terre; on lui donne la forme d'un carré long; on pratique autour des rigoles qui aient assez d'écoulement pour conduire les sucs du fumier dans la fosse qu'on a creusée pour les recevoir. Il faut éviter que le tas de fumier ne soit dans un lieu trop sec, surtout que le pied ne baigne dans l'eau stagnante ou courante : l'eau stagnante nuit à la fermentation, l'eau courante emporte les sucs les plus précieux. Si le fumier manque d'humidité, il faut l'arroser avec du purin ou de l'eau qu'on peut faire pénétrer dans l'intérieur, en faisant des trous avec un pieu dans toutes les parties du tas.

La colombine est la fiente de pigeons et de poules. Il faut la faire sécher, la réduire en poudre avec un fléau, et la répandre sur la semaille, ou sur les récoltes qui sont en végétation , au mois de mars ou d'avril , sans l'enterrer.

On néglige trop souvent les vidanges pour ne pas dire toujours dans certaines exploitations. C'est cependant un engrais très-puissant qui ne sert, la plupart du temps, qu'à rendre mal propres et infects les abords des habitations. Pourtant quel est le cultivateur qui ne puisse faire lui-même une fosse à latrine, qui lui donnerait propreté et riche fumure? Pour la bien employer, l'on mettra la matière à l'état liquide dans une fosse de trois ou quatre pieds de profondeur , qu'on emplit seulement à moitié ; on jette dessus de la terre par pelletées, en l'éparpillant bien ; la terre gagne bientôt le fond ; on en ajoute jusqu'à ce que la masse soit bien ferme, au bout de quelque temps on vide le tout, dont on fait un tas qu'on laisse ressuyer pour le transporter et le répandre ensuite facilement.

Composts.

On néglige trop souvent les débris des plantes et des animaux. Dans une ferme bien soignée, toutes les mauvaises herbes retirées des champs par les labours et les hersages, les racines, les tiges mêmes sèches, les balles du blé, etc... doivent être entassées dans une fosse et tenue convenablement humides, afin d'en opérer la décomposition : c'est ce qu'on appelle compost. Après quelques mois on les retire ; on les dispose en carré par couches de quinze centimètres environ ; on saupoudre chaque couche avec de la chaux réduite en poussière, et on laisse ainsi le tout se décomposer de nouveau. La décomposition se fait très-vite étant accélérée par la chaux.

Ces terreaux doivent être passés à la claie, pour en ôter les pierres ou les tiges qui n'auraient pas été décomposées. Tous sont bons pour les prés ; ils le sont aussi pour les terres, à moins qu'il ne soit entré des herbes avec leurs graines dans leur composition, ce qui pourrait alors infester les terres de mauvaises herbes.

Comme composts, je recommanderai les suivants qui donnent de très-bons résultats : composts pour les prairies naturelles et artificielles. Ce qu'il importe de favoriser dans ces prairies, c'est la végétation des graminées et des légumineuses qui forment la base des bons fourrages. Or ces plantes exigent des engrais riches en potasse et légèrement sulfatés ; ainsi il faudrait faire les composts suivants :

1° Un lit de terre calcaire de quinze à vingt centimètres d'épaisseur, de la poussière de foin et de mauvaises herbes pour recouvrir ce premier lit, quelques poignées de plâtre en poudre, un second lit de terre calcaire, puis encore de la poussière de foin, de mauvaises herbes et du plâtre, et ainsi de suite jusqu'à ce que le tas ait atteint de 1 à 2 mètres. Cela fait, on pratique des trous de haut en bas dans le compost, et on l'arrosera avec l'eau de fumier, de recurage des ustensiles de cuisine, de lessieux, de savon et des rinçures de tonneaux. Au bout de deux ou trois mois on aura un

excellent compost qu'on répand à la pousse du printemps et sur les prairies artificielles , aussitôt qu'elles
auront un peu de force.

2° Couches alternatives de boues de routes ou de
chemins, de briques et de tuiles broyées, de mauvaises
herbes et de fruits gâtés, de cendres de bois, de suie,
de fumier de cochon, et arroser le tout avec des eaux
grasses, des eaux de fumier et de lessive.

Composts pour les céréales. Ce sont toujours les engrais
riches en potasse que recherchent les céréales ainsi
que le phosphate de chaux. Un compost formé de
terre calcaire, de boues de routes, de cendres de houille,
de balayures, de briques broyées, de décombre de terre
extraite des étables, de débris d'animaux, et d'urine
ferait merveille sur les blés en terre argileuse plus ou
moins compacte.

Un autre formé de boues de chemins, de gazons et
de vases de fossés ou de mares, de sable fin de rivière
ou de laitier de hauts-fourneaux, de fumier de vaches
pailleux, de salpêtre, de cendres de bois ou plutôt d'eau
de lessive, d'herbes vertes, de bois pourris, de feuilles
donnerait de bons résultats sur des céréales en terrains
calcaires, légers ou brûlants.

Compost pour les potagers et les plantes dites épui-
santes. Dans ce cas il faut augmenter la dose des substances azotées et plâtrer légèrement. Lorsqu'on a affaire
à des plantes de la famille des crucifères , comme le
chou , le turneps, le rutabaga, la moutarde , la navette,
le colza, etc.. s'il s'agissait de fumer ces plantes on for-
merait le compost suivant :

Avec des boues de chemins, ou de mares, ou de rou-
toir égouttées, avec des choux ou des racines pourries,
des débris d'animaux morts, de la chaux sur ces débris,

des chiffons de laine, du plâtre ou des cendres pyriteuses, des plumes de volailles, de l'eau de fumier, des matières fécales et des urines ; puis, on laisse fermenter pendant trois ou quatre mois.

S'il s'agissait de fumer des plantes épuisantes n'appartenant point à la famille des crucifères, on mettrait la même composition moins le plâtre, les chiffons de laine et les cendres pyriteuses.

Engrais verts, plantes qui enrichissent le sol.

On nomme engrais verts les plantes qui sont enterrées toutes vertes au moment de leur floraison. Les plantes qui enrichissent le sol sont les lupins, le sarrasin, la spergule, les genêts et le gazon. On peut employer pour le même but, quoique moins convenables, les navettes, les fèves, les vesces, le seigle.

La luzerne et l'esparcette enrichissent le sol, pourvu qu'elles aient occupé la terre assez longtemps, et qu'elles soient enterrées avant leur entier épuisement.

BOTANIQUE

La botanique s'occupe des plantes et de leurs propriétés. Le cultivateur doit donc être intéressé à connaître comment les plantes naissent, croissent et vivent, afin de donner ce qui peut être utile, et d'éloigner ce qui peut être nuisible à ces différentes fonctions de la vie.

L'anatomie végétale s'occupe des différents organes des plantes. La physiologie végétale démontre comment les plantes se reproduisent et se nourrissent.

ORGANES DES PLANTES

Comme organes les plantes ont la racine, la tige, les feuilles pour la nutrition ; les fleurs, les fruits et les graines sont ceux de la reproduction. La graine est le commencement de la plante ; elle est composée du derme ou peau, et de l'embryon qui présente déjà, en petit, toutes les parties qui serviront à la nutrition, c'est-à-dire, la racine, la tige et les feuilles.

L'on trouve encore dans la graine une partie que l'on nomme *albumen :* c'est celle qui forme notre nourriture.

Elle est farineuse dans les céréales ; huileuse dans le colza et le pavot. Une graine mise dans une terre humide, aérée et d'une température convenable , absorbe l'eau ; l'embryon se gonfle ; le derme se déchire ; la racine parait, s'allonge et commence à s'emparer , au moyen de l'eau, des matières organiques et inorganiques contenues dans le sol ; une autre partie, appelée la plumule, s'élève dans l'air pour former la tige. On nomme cotylédons les premières feuilles qui paraissent, comme on le voit dans le haricot qui sort de terre. Ces cotylédons sèchent et tombent, quand les véritables feuilles paraissent.

Les plantes prennent une dénomination différente suivant qu'elles ont ou n'ont pas de cotylédons ; quand elles en ont deux on les nomme dycotylédones , monocotylédones quand elles n'en ont qu'un, et acotylédones quand elles n'en ont pas.

ORGANES DE LA NUTRITION

Racines.

La racine est cette partie des végétaux qui s'introduit dans la terre et qui s'y ramifie pour absorber les substances nécessaires à leur nourriture. C'est par les extrémités des petites racines, qu'on nomme chevelu et qui sont munies de petites spongioles, que les plantes sucent les sucs nourriciers.

Il y a des végétaux dont les racines ne s'enfoncent pas dans la terre, mais croissent sur d'autres plantes et vivent à leur dépens, tel que le gui sur les arbres, et la cuscute sur la luzerne. Ces plantes se nomment para-sites.

On appelle plantes annuelles, celles qui ne vivent qu'un an ; plantes bisannuelles, celles qui vivent deux ans, et plantes vivaces, celles qui vivent un nombre in-déterminé d'années.

La partie supérieure de la racine, se nomme collet, ou nœud vital ; parce que c'est là que l'embryon s'est développé dans deux directions différentes, d'un côté pour former la radicelle qui s'enfonce dans la terre, et de l'autre pour former la tigelle qui s'élève dans l'air.

Tige.

La tige peut être ligneuse ou herbacée; elle est li-gneuse lorsqu'elle a la consistance du bois, et herbacée quand elle est tendre comme de l'herbe. Dans ce dernier les parties qui composent sa tige sont bien plus difficiles à distinguer que dans les arbres.

Le tronc comprend trois parties : la moelle, le corps ligneux et l'écorce. Dans le corps ligneux on distingue ordinairement deux parties, excepté dans les bois blancs. C'est d'abord le bois parfait, plus dur et plus serré qui occupe le centre ; ensuite l'aubier qui vient après et s'étend jusqu'à l'écorce.

L'écorce comprend le liber qui touche l'aubier, puis le tissus sous- épidermoïde et l'épiderme. Ces derniers tissus sont remplacés par les couches corticales dans les vieux arbres. Elles présentent une surface rugueuse, comme dans le chêne, etc. Le liber, d'où vient notre mot

livre, parce que c'était là-dessus qu'écrivaient les anciens, se compose de couches minces et flexibles, remplies de tubes ou vaisseaux qui s'étendent, depuis la
base des feuilles, jusqu'à l'extrémité des radicelles.

Feuilles.

Les feuilles comme les racines, sont aussi des organes absorbants. Elles puisent dans l'air, par les pores
de leur face inférieure, de la vapeur d'eau, de l'acide
carbonique et de l'oxygène. L'acide carbonique est décomposé, et le carbone ou charbon mis à nu, sert à l'accroissement de la plante; l'oxygène est reversé dans
l'air. Cette action a lieu pendant le jour, sous l'influence
de la lumière. Pendant la nuit une portion du carbone,
accumulé durant le jour, se combine avec l'oxygène que
les parties vertes ont absorbé et forme de l'acide carbonique qui est expulsé du végétal, mais en moins
grande quantité qu'il n'y est entré.

Il résulte de là que plus les jours sont longs et les
nuits courtes, plus les plantes absorbent du carbone et
et moins elles en abandonnent, et, par conséquent, plus
la végétation est active. Cela explique pourquoi, dans
les pays du Nord, où les jours sont très-longs et les nuits
très-courtes en été, les plantes accomplissent, en six
semaines, ce qu'elles ne font qu'en quatre ou cinq mois
en Italie.

La propriété qu'on les plantes de rejeter de l'acide
carbonique pendant la nuit, fait qu'il faut éviter de coucher dans un appartement où se trouveraient beaucoup
de plantes réunies, parce que l'on pourrait être asphyxié

par cet acide carbonique, comme on le serait **par celui**
que répandrait un réchaud de charbons embrasés.

Séve.

Lorsque l'eau, chargée de matières nutritives en dissolution, est entrée dans les plantes par les radicelles
elle prend le nom de séve proprement dite. La séve,
ainsi absorbée, par les racines, s'élève jusque dans les
feuilles, par les couches les plus jeunes de l'aubier et
s'appelle séve ascendante ou montante.

La séve parvenue dans les feuilles, s'y réunit aux
fluides qu'elles ont puisés dans l'air par leur face inférieure; elle y subit les modifications expliquées plus
haut; elle abandonne, par une véritable transpiration,
une partie de son humidité par la face supérieure des
feuilles, et, devenue moins liquide sous le nom de cam-
bium, elle descend et forme de nouvelles couches d'aubier et de liber, jusque dans les racines. On donne le
nom de séve descendante à ce second mouvement.

ORGANES DE LA GÉNÉRATION

Fleur.

La fleur comprend les enveloppes florales et les
organes sexuels. Les enveloppes florales se composent
ordinairement du calice et de la corolle. Le calice est

l'enveloppe la plus externe ; il se présente sous la forme de petites lances arrondies et colorées en vert : on les appelle sépales. La corolle, se rencontre après le calice en lames arrondies et remarquables par leurs couleurs Elle est tantôt d'une seule pièce comme le calice : tantôt composée de plusieurs : ces pièces se nomment pétales.

Les organes sexuels sont les étamines et le pistil ; les étamines sont les organes mâles des plantes. Elles offrent trois parties : 1° le filet qui supporte l'authère ; 2° l'authère, sorte de petite bourse ou capsule qui contient le pollen ; 3° le pollen poussière fécondante des végétaux. Il s'échappe de l'authère lors de la fécondation.

Le pistil est un filet entouré par les étamines et surmonté par un corps oblong, au centre de la fleur : c'est l'organe femelle des plantes. Il est formé de trois parties : 1° l'ovaire, placé à la base du pistil : il renferme les jeunes semences destinées à être fécondées ; 2° le style filet supporté par l'ovaire et terminé par le stigmate ; 3° le stigmate, corps glanduleux, placé au sommet du style.

On appelle plantes hermaphrodites celles dont les fleurs renferment les deux sexes, les étamines et le pistil; plantes monoïques, celles dont les étamines se trouvent sur une fleur et le pistil sur une autre, comme dans le noyer, le noisetier ; plantes dioïques, celles dont les étamines et le pistil sont sur deux pieds différents, comme dans le chanvre, la plupart des saules, des peupliers.

Les mots monoïque et dioïque signifient : monoïque plante d'une seule maison, c'est-à-dire qui porte à la fois des fleurs seulement mâles, et des fleurs seulement femelles : comme dans le melon ; et dioïque signifie, plante de deux maisons, c'est-à-dire que les fleurs mâles sont sur un individu, et que les fleurs femelles sont sur un autre, comme dans le chanvre.

La fécondation a lieu lorsque la poussière des étamines ou le pollen est porté sur le pistil. Si des plantes de la même famille se trouvent près l'une de l'autre il y a mélange des poussières fécondantes. C'est ce qui opère des altérations dans les semences.

Fruit.

Quand la fécondation est achevée, les enveloppes florales et les organes sexuels se flétrissent et tombent. L'ovaire seul continue à croître et devient le fruit. On distingue dans le fruit deux parties principales, le péricarpe et les semences : le péricarpe (autour du fruit) est la partie externe du fruit; c'est l'enveloppe de la semence. Le péricarpe est tantôt sec et ligneux, comme dans la noix, la noisette ; tantôt coriace, comme dans la gousse du pois ; tantôt charnu, c'est-à-dire formé d'un tissu tendre et succulent, comme dans la poire, la pomme, la pêche, etc.

La semence est attachée au péricarpe par un filet qu'on nomme cordon ombilical : c'est par lui qu'elle reçoit la nourriturre nécessaire à son développement et à sa maturité.

CULTURE DU SOL

La culture du sol peut se diviser en quatre parties principales.

1° L'agriculture, ou culture des champs.

2° L'horticulture, ou culture des jardins.

3° La viticulture, ou culture de la vigne.

4° La sylviculture, ou culture des bois.

La culture de la terre est la plus noble et la plus utile des professions; elle est la plus noble, parce qu'il n'y en a pas de plus ancienne; elle est la plus utile, parce que tout ce qui sert à la nourriture et à l'entretien de l'homme nous vient de la terre.

C'est encore la profession qui rapproche le plus l'homme de Dieu. Tous les jours il a sous les yeux les preuves de sa puissance et de sa bonté infinies; tous les jours aussi il comprend qu'il dépend de lui et qu'il lui doit sa soumission et son amour.

Partout l'homme des champs voit éclater cette puissance de Dieu, aussi bien dans le grain de blé qui se décompose, germe, pousse dans la terre et dans l'air pour faire d'autres grains de blé, que dans le ciel tout brillant d'étoiles sans nombre, que dans le soleil qui verse sa lumière et la chaleur sur les hommes, les animaux et les plantes pour donner la vie à toute chose.

Tout homme s'occupant de culture, n'importe laquelle, doit donc, comme dans tous les états, y apporter toute son attention et son intelligence pour que de sa propre expérience ou d'après l'exemple des autres il puisse bénéficier des nouveaux progrès. La prudence conseille de ne pas adopter à la légère des méthodes qui ne sont pas encore garanties et confirmées par des succès constants ; mais aucun état ne se perfectionnerait, si, aux améliorations les mieux démontrées, on répondait toujours comme la majorité de nos cultivateurs : ce n'est pas la mode. Que signifie cette réponse? ce n'est pas la mode, que les cultivateurs opposent aux améliorations qu'on leur propose? Elle veut dire : Je ne crois pas qu'on puisse faire autrement que moi et que tous mes voisins. Ainsi je ne veux ni raisonner, ni réfléchir sur les améliorations dont on me parle ; je trouve plus commode de suivre la routine.

Si dans les commencements du monde, on avait répondu à toutes les innovations : ce n'est pas la mode, où en serions-nous? Nous n'aurions aucun instrument employé dans nos fermes ; le nombre des végétaux employés dans la culture serait très-restreint. Le sol une fois épuisé par les plantes aurait été improductif, faute de savoir lui donner l'amendement ou l'engrais qui lui convient ; et la culture du sol si florissante de nos jours, grâce aux hommes qui ont voué leur vie pour y apporter de vrais progrès, cette culture ne serait plus rien.

Acceptons donc tous les progrès de quelques parts qu'ils nous viennent et essayons-les en petit, pour commencer, et s'ils offrent quelque bénéfice, rejetons, sans y réfléchir à deux fois, la routine loin de nous pour ne nous occuper que de la nouvelle culture, tout en l'observant continuellement dans sa manière d'agir pour tâcher, s'il est possible, d'y apporter quelques améliorations; de cette manière le progrès se fera rapidement et offrira de grands bénéfices en récompense de la peine que l'on aura prise.

La charrue est un des meilleurs instruments de culture. Celle qui doit être acceptée est celle de Dombasle qui est une des plus heureuses améliorations apportées à l'agriculture. Elle fouille la terre à la profondeur que l'on veut; elle retourne parfaitement la bande qu'elle brise et qu'elle ameublit en même temps; elle donne un accès facile aux influences de l'air pour pénétrer dans le sol, et aux eaux des grandes pluies pour s'infiltrer et ne pas nuire aux plantes; enfin elle présente aux récoltes une couche profonde de terre cultivée où elles peuvent facilement étendre leurs racines et se nourrir.

Si on demandait à un de ces cultivateurs, qui ne veulent pas sortir de la routine, pourquoi son jardin est plus fertile que ses terres, que répondrait-il? Il répondrait sûrement : — Mon jardin est plus fertile que mes terres, parce que je le cultive mieux et que je le fume bien.

La réponse de ce cultivateur ne contient-elle pas le premier secret d'une bonne agriculture ? car mieux cultiver et mieux fumer, afin d'obtenir de la terre les plus grands produits, aux moindres frais possibles, tel est, en effet, le but que poursuivent tous les cultivateurs.

Demandez-lui donc comment il cultive mieux son jardin que ses terres. Il vous dira : Je le cultive mieux parce que je bêche mon jardin et que je laboure mes terres. La bêche donne au sol un travail qui l'ameublit bien et le remue profondément : mon araire est loin de faire cela pour mes terres.

Demandez-lui encore à quoi sert aux légumes de son jardin, qu'il remue la terre à vingt cinq ou trente centimètres au lieu de huit ou neuf, comme il le fait pour ses terres. — Cela sert, répondra-t-il, à donner une plus grande couche de terre bien travaillée où mes légumes peuvent étendre leurs racines et trouver une nourriture plus abondante. Je me figure une plante dans la terre, comme une bête que j'attacherais à un pieu dans un pré. Si je ne donne que cinq mètres de corde à ma bête, il est évident qu'elle aura moins à manger, que si je lui en donne dix ou quinze. Pourquoi est-ce que le cultivateur qui voit que la bêche donne de bons résultats dans son jardin, n'applique-t-il à ses terres le même travail ? Il dira qu'il ne peut pas bêcher toutes ses terres ; qu'il n'a ni assez de temps, ni assez d'argent pour le faire.

Mais à ses réponses l'on serait bien en droit de lui répondre que s'il employait la charrue Dombasle il aurait, pour ses terres, le bon travail que sa bêche fait pour son jardin ; la couche de terre travaillée serait profonde et ses récoltes trouveraient, comme la bête au pieu, dix ou quinze mètres au lieu de cinq, pour se nourrir. Il détruirait bien les mauvaises herbes. Si le sol était une terre forte, les eaux ne resteraient pas à la surface lorsque les grandes pluies viendraient, et dans le cas de sécheresse, le terrain, ayant absorbé l'eau, conserverait mieux sa fraîcheur, et ne serait pas desséché au premier coup de soleil, comme dans les labours qui ne font que gratter la terre.

Mais ne vous dira-t-il pas que s'il entame ses terres à à une aussi grande profondeur, sans pouvoir fumer convenablement, il rendra son domaine stérile au lieu de le rendre fertile. — Vous voulez que je double ou

triple mes fumiers quand celui que me donne mes
bêtes est déjà insuffisant pour en mettre un peu où
j'en ai le plus besoin, mais cela est impossible. — Pourtant cela se peut ; au lieu d'envoyer vos bêtes aux
champs, la moitié de l'année, y perdre leur fumier, si
vous les gardiez à l'étable bien nourries et avec une
bonne litière, vous trouveriez facilement le fumier nécessaire pour rendre fertile la nouvelle couche travaillée.
Il ne manquera pas de vous répondre : — Me voici bien
avancé ! En me conseillant de garder mes bêtes à l'étable pour avoir plus de fumier, vous devriez m'indiquer
ou je prendrai la nourriture qui me serait nécessaire.
Peut-être me conseillerez-vous de mettre la moitié de
mes terres en prés. — C'est à peu près le conseil que
je veux vous donner ; mais en vous disant de faire des
prés de vos terres, je n'entends pas que vous fassiez des
prairies naturelles, mais que vous consacriez la moitié
de votre sol cultivé soit aux prairies artificielles, soit à
produire des récoltes destinées aux bestiaux, telles que
betteraves, pommes de terre. — A cela, répondra-t-il, il y
a deux difficultés : la première celle d'arranger mes récoltes pour en avoir la moitié destinée aux bestiaux ; la
seconde celle de me procurer sur l'autre moitié de mon
domaine, le blé que j'ai coutume de recueillir pour
faire de l'argent.

Patience ! je vous expliquerai ces deux difficultés. Je
commence par la première. Distribuer ses terres convenablement pour les récoltes, s'appelle assolement. L'assolement est le partage des terres labourables en portions ou soles, pour faire succéder ou alterner les
récoltes sur le même terrain, de manière à en tirer le
plus grand produit et aux moindres frais possibles. Alterner les récoltes veut dire, ne pas mettre deux fois

de suite la même récolte sur le même terrain; parce que la terre se lasse de produire la même récolte : cela est connu de tous les cultivateurs.

La première cause de cette lassitude est, par exemple, lorsque vous demandez toujours à la terre des récoltes qui font de la farine , ou des grains qui font de l'huile, vous épuisez toutes les substances qu'elle peut avoir pour faire de la farine ou de l'huile, tellement qu'à la fin , elle ne peut plus nourrir ces récoltes. La seconde cause, est que les plantes ayant vie et se nourrissant à leur manière, il est probable que, comme tous les animaux, elles rejettent une partie de la nourriture qui ne peut leur être assimilée, c'est-à-dire, servir à leur accroissement , et qu'alors elles se refusent à vivre dans ces excrétions ou excréments, comme nous voyons que cela arrive pour tous les autres êtres organisés. Cela explique l'utilité des assolements.

Ce n'est qu'après avoir observé cette répugnance ou cette impuissance des récoltes à donner des produits tous les ans à la même place, qu'on a fondé la règle de les faire alterner. Ainsi dans un champ qui a porté du blé, on mettra soit betteraves, carottes ou pommes de terre. On a de cette manière depuis la moisson jusqu'au printemps suivant pour bien préparer et bien fumer la terre. Si l'on cultivait le blé tous les deux ans, comme cela n'arrive que trop souvent, on ne consacrera que la moitié du terrain aux racines, et sur l'autre moitié l'on mettra de l'avoine, de l'orge ou du blé de mars, dans lequel on sèmera en même temps du trèfle. Ces récoltes devront occuper la moitié des terrains du domaine; l'autre moitié devra être partagée en deux parts : semer du blé sur l'une, et des fourrages artificiels sur l'autre, tels que vesces, pois gris, jarosses, etc. De cette façon un domaine se trouve partagé en quatre portions ou soles, l'assolement est mis en train, et les récoltes ne reviennent à la même place que tous les quatre ans. La première année ce sont des racines ; la deuxième des céréales de printemps ; la troisième du trèfle et la quatrième du blé.

La fumure doit surtout s'appliquer aux récoltes sarclées, par la raison que toutes les mauvaises herbes dont les graines ont pu être transportées sur le champ, par le fumier, seront détruites par les sarclages, et ensuite parce que, de toutes les récoltes de cet assolement, ce sont les racines qui occupent la place la plus naturelle pour la revevoir ; et la fumure sera suffisante, attendu que le trèfle de l'année dispense de fumer le blé. Elle sera même abondante, n'ayant à fumer tous les ans, que le quart des terres de l'exploitation. Il faut remarquer, dans cet assolement, qu'on aura trois fois plus de fumier que dans les assolements qu'on suit d'ordinaire.

En effet, si le domaine cultivé est de vingt cinq hectares, il est probable qu'il n'y en a pas plus de cinq en prairies naturelles. Sur les vingt autres, qui sont en terres arables, l'on en consacre dix aux récoltes pour la nourriture du bétail, le produit sera de quinze hectares, au lieu de cinq, pour faire du fumier : ce qui est bien le triple de ce qu'on avait.

Il faut remarquer encore que le fumier produit par ces bêtes, abondamment nourries, sera bien plus gras et bien meilleur, que le fumier des bêtes qui ne trouvent, dans les pâturages, la plupart du temps, qu'une nourriture insuffisante, en été, et qui ne reçoivent, en hiver, qu'un mélange où la paille entre en plus grande quantité que le foin. Certainement que le bétail se trouvera bien d'un pareil arrangement ; mais il semble au premier [abord que le grenier y perdra le produit de cinq hectares de blé. Mais si on réfléchit qu'on aura au moins trois fois plus de fumier, ce surcroît d'engrais doublera bien vite le produit des récoltes. Dailleurs le blé ne sera pas le seul produit en grains, puisqu'il y aura, en outre cinq hectares, qui donneront des céréales de printemps , avoine, orge ou blé de mars.

Ceux qui voudraient joindre à ces récoltes le sarrasin et le colza, peuvent le semer après la récolte de blé ; après cette dernière on fume et on repique des betteraves ce qui fait rentrer la sole de cette récolte dans la sole des racines sarclées. On trouve facilement des plançons pour faire ce repiquage, en éclaircissant les betteraves qui ont été semées de bonne heure.

Je ne conseillerai pas cette culture à moins qu'on ait assez d'engrais pour la bien fumer , et voici pourquoi : si on suit la culture que reçoit cette sole depuis la semaille des avoines, jusqu'au repiquage des betteraves on trouve seulement trois labours , celui qui rompt le trèfle pour la semaille double, celui donné pour faire le colza, et enfin le dernier qu'on applique au repiquage des betteraves. Or ces trois labours étant exécutés dans des conditions qui ne permettent pas de les faire profonds, et cependant la terre ne reçoit que ces trois façons, dans l'espace de trente huit mois. Ainsi le sol se trouve tout à la fois mal cultivé et toujours occupé de choses qui tendent à l'appauvrir. Le colza est d'une bonne vente, il est vrai ; mais à la place on pourrait semer du sarrasin qui donnerait grains et paille.

La récolte de betteraves, repiquées après le colza, est forcément une pièce maigre, soit à cause de la mauvaise préparation du sol, soit à cause du temps qui lui manque pour son accroissement. Les betteraves semées au printemps, et qui n'ont pas ces deux inconvénients, donneraient un produit qui ne serait pas exagéré, si on l'évaluait à un tiers de plus.

Voilà deux compensations pour la récolte du colza, sans compter le meilleur état de culture et de fertilité que la terre y gagnerait.

Pour que l'on retienne bien ce que je viens de dire sur cet assolement, je vais mettre sous les yeux un tableau qui vous représentera un domaine ainsi assolé, avec toutes les cultures qui l'occuperont. Je nomme les soles A, B, C, D, On peut mettre à chacune le nom et la contenance des terres qui le composent, et se rendre ainsi compte, tous les ans, de l'espèce et de la quantité des produits que donne chaque sole suivant son étendue.

En supposant l'assolement en train en 1872, la sole A est en racines, la sole B en céréales de printemps, la sole C en trèfle, la sole D en blé. En 1873 A sera en céréales de printemps, B en trèfle, C en blé et D en racines, et pour les années suivantes, comme le porte le tableau. Après quatre ans on recommence.

Il y a des personnes qui prétendent que le trèfle ne peut revenir sur le même terrain après quatre ans seulement. Je serai un peu de cet avis ; il vaudrait mieux lui donner un temps plus long sans déranger cet assolement ne le faire revenir que tous les huit ans. Il suffira de n'ensemencer en trèfle que la moitié de la sole d'avoine, et de réserver l'autre moitié pour y faire soit des vesces d'hiver, soit des pois gris ou jarosses, soit des vesces de printemps. Au bout de la rotation, la partie de cette sole qui était en trèfle se mettra en vesces, et celle qui était en vesces se mettra en trèfle. De cette façon le trèfle ne reviendra que tous les huit ans à la même place.

Cet assolement, qui est un des plus simples, se trouve trop court pour y faire entrer la luzerne d'une manière régulière, parce que la luzerne dure plus de quatre ans : mais il ne faut pas se priver de ce précieux fourrage, qui donne facilement quatre coupes par an, et qui peut même aller jusqu'à cinq.

La luzerne est quelquefois étouffée par les mauvaises herbes; pour empêcher cela l'on devra passer une bonne herse en fer sur cette plante avant l'hiver, puis au printemps lorsqu'elle commence à pousser, et encore dans le courant de l'été, après les coupes ; on détruirait les mauvaises herbes et on favoriserait sa végétation par cette espèce de sarclage.

Il faut pour cultiver ce fourrage, un terrain à sous-sol de bonne consistance et pas trop humide ; parce que la luzerne pivote très-profondément, et qu'elle périt lorsque ses racines plongent dans l'eau. Ses productions et la durée de cette plante comme pour toutes les autres récoltes, seront en proportion de la bonté du terrain et des soins que l'on en aura. Il faut donc pour bénéficier de cette récolte, lui faire une sole à part. En supposant sa durée de huit ans, on fait un luzernière après la récolte sarclée au lieu de l'avoine, après deux rotations, c'est-à-dire huit ans, on défriche cette luzerne et on sème de l'avoine.

Pour les récoltes qui demandent à être sarclées on doit se servir pour diminuer la main d'œuvre de la houe à cheval. Pour cela il faut semer en lignes à la distance de 0,73 centimètres. Cet instrument passe facilement entre les lignes où il fait un bien meilleur travail que le sarcloir, sur une largeur d'environ 0,46 centimètres ;

il ne reste plus que les lignes elles-mêmes à sarcler à la main. Pour que les bêtes ne montent pas sur la récolte on se procurera un joug de deux fois la largeur des lignes ; c'est-à-dire, 1 mètre 46 cent. Les bêtes ainsi attelées, suivent les deux lignes de côté, tandis que la houe travaille celle du milieu.

Plantes à cultiver pour le sable.

Dans une terre sablonneuse, très-aride l'on ne peut mettre que des plantes qui tirent de l'atmosphère par la porosité de leurs feuilles ou de leurs tiges, la nourriture qu'elles ne peuvent trouver dans la terre, telle que la spergule, le topinambour, le sarrasin, et, avec de l'engrais, les pommes de terre. Le seigle est la seule céréale qui puisse végéter dans ce sol.

Dans un sable mélangé avec une autre terre qui n'est pas aride, on peut y mettre les navets, les haricots et l'orge. Un sable meilleur que le précédent peut produire l'avoine et la petite orge, les gramens, les trèfles, le lin, les pois, les carottes, le tabac, la navette et souvent la luzerne. Si enfin le sable est porté par la culture au plus haut point de fertilité, il produit encore du chanvre, du houblon, de la garance, du tabac, du froment d'été, du maïs, du froment d'hiver et des féveroles.

Plantes pour la glaise.

Lorsque la glaise est moins compacte par le mélange

de sable, de chaux et d'humus, elle convient très-bien
au froment, à l'avoine, à l'orge, aux fèves, aux vesces,
au trèfle, aux choux, à la navette, aux pommes de terre,
aux navets. Quand le mélange de chaux est plus considérable, l'on a un sol précieux, propre aux plus riches
récoltes, la grande orge, le froment, l'orge d'hiver, le
chanvre, les pavots, le tabac, le colza, la garance, le
maïs, les choux, les fèves, le trèfle, la luzerne, etc.

Plantes pour l'argile.

Dans un terrain argileux on peut cultiver tout ce
qu'on cultive dans le sable amené au plus haut point de
fertilité. Plus l'argile se rapproche de la glaise, plus elle
convient au froment ; plus elle est sablonneuse, plus
elle convient au seigle et à l'épeautre. Avec beaucoup
d'engrais on peut y cultiver toutes les autres plantes.

Plantes pour les terres fortes d'alluvion.

Dans un sol d'alluvion, de nature compacte, l'orge
d'hiver, le froment, les fèves, l'avoine, le trèfle, le colza
et les gramens réussissent très-bien.

Plantes pour les sols tourbeux.

Un sol de marais desséché qui, ne contenant point

de terre, n'est formé que de plantes, de racines et de débris végétaux, ne convient qu'à l'herbe, pourvu qu'il soit susceptible d'être arrosé. Ecobué, il donne les plus riches récoltes de sarrasin et d'avoine ; il n'est point propre à une culture continue, à moins qu'il ne soit amélioré par le mélange de parties terreuses. Dans ce cas, il produit en abondance des navets ou des pommes de terre, du seigle ou de l'avoine. La navette d'été y réussit aussi ; mais ni l'orge, ni le froment, ni le colza, à moins qu'on ne s'aide de la chaux ou de la marne.

Plantes pour les terrains vaseux.

Sur un sol tel que celui d'étangs desséchés, la terre est si riche que les grains versent la plupart du temps ; l'avoine, et, si le sol est très-gras, le chanvre sont les plantes qu'on peut le mieux cultiver, la navette d'été y réussit très-bien.

Plantes pour les sols calcaires.

L'orge, les pois, le froment, les navets, le colza, l'esparcette et l'herbe pour pâturage sont les plantes qui conviennent le mieux aux sols calcaires.

ANALYSE SIMPLIFIÉE

DES PRINCIPAUX ÉLÉMENTS CONSTITUANT LE SOL.

Outre les trois principaux éléments des sols arables, une terre ordinaire contient d'autres principes dont la quantité est utile à connaitre; tel que le fer, les phosphates, etc... L'argile elle-même est composée de silice et d'alumine, souvent mélangée de fer. Cependant, pour les besoins ordinaires de l'agriculture, il suffit de connaitre la proportion de silice, d'argile et de chaux qui entrent dans une terre. Je donnerai donc, d'après Gustave Lebon, une nouvelle méthode extrêmement simple pour arriver à ce résultat.

Préparation de la terre. — Quand on veut analyser la terre d'un champ, on prend en différentes parties de la surface plusieurs poignées, à 6 ou 7 centimètres de profondeur; on les mélange soigneusement, et on en sépare ensuite les cailloux, les graviers, les racines, soit avec un tamis, soit, plus simplement, avec les doigts.

Dosage du sable, de l'argile et de la chaux dans une seule éprouvette. — On prend une éprouvette de 0,35 à

0,40 de toute longueur et de **0,03** environ de diamè-
tre ; on y met de la terre, un tiers à peu près de sa hauteur. Sur cette terre, on verse de l'eau de façon à presque remplir l'éprouvette, qu'on agite ensuite fortement
en tous sens, opération qui a pour résultat de rompre le
tissu terreux ; on laisse ensuite reposer pendant plusieurs heures ; quand l'eau surnageante est devenue bien
claire, on la jette en agitant le moins possible. On met
alors la terre ainsi mouillée dans un verre, et on verse
dessus, par très-petites portions, de l'acide chlorhydrique étendu de cinq parties d'eau. Il se produit une vive
effervescence, qui se calme bientôt. On ajoute de nouveau de l'acide en remuant avec une baguette de verre
ou de bois ; on continue à verser de l'acide et à laisser
reposer, jusqu'à ce qu'il ne se manifeste plus d'effervescence. L'acide chlorhydrique forme, avec le carbonate
de chaux contenu dans la terre, du chlorure de calcium.

On est certain que toute la chaux est dissoute, quand
la liqueur surnageante est acide, ce dont on s'assure en
en mettant une goutte sur la langue. Le contenu du
verre, qu'on rince soigneusement avec de l'eau, est alors
remis dans l'éprouvette, qu'on agite fortement pendant
plusieurs minutes et qu'on abandonne ensuite à elle-
même quelques heures. La silice, en raison de sa den-
sité, se précipite au fond du vase, l'argile vient au-dessus, et enfin on voit à la surface la partie liquide, qui
est une dissolution de chlorure de calcium. Quand le
liquide surnageant est bien clair, on verse dessus, sans
remuer l'éprouvette, du sous-carbonate de soude ; il se
forme immédiatement un précipité floconneux de carbonate de chaux ; on laisse reposer, et on ajoute de nouveau du sous-carbonate jusqu'à ce qu'il ne trouble plus,

le liquide. On l'abandonne plusieurs heures à lui-même. Toute la chaux se trouve alors tassée dans le tube, où son épaisseur indique approximativement la quantité de carbonate de chaux contenue dans la terre.

L'éprouvette présente alors l'aspect suivant : au fond, une couche de silice ; au milieu, une couche argileuse ; et au-dessus enfin, une couche blanche de chaux. Pour connaître la proportion pour 100 de chaque élément contenu dans la terre, on mesure l'épaisseur de chaque couche avec un décimètre. Supposons qu'on trouve :

$$\begin{array}{llr}
\text{Silice.} & . \quad . \quad . & 25 \text{ millimètres.} \\
\text{Argile} & . \quad . \quad . & 85 \quad — \\
\text{Chaux} & . \quad . \quad . & 16 \quad — \\
\hline
\text{Total :} & & 126 \text{ millimètres.}
\end{array}$$

On ramène ces trois nombres au chiffre 100 au moyen des opérations suivantes :

Pour la silice, 126 parties de terre en contiennent : 25 de silice.

$$\begin{array}{lll}
1 & \text{contiendra} & 25/126 \\
\text{et} \quad 100 & \text{contiendront} & \dfrac{25 \times 100}{126} = 19,24
\end{array}$$

On trouvera pour l'argile et la chaux, le total contenu dans 100 parties, en opérant de la même manière que pour la silice.

Les calculs précédents sont nécessaires quand on tient à ramener à 100 les chiffres obtenus. Autrement, le simple aspect du tube indique d'une façon suffisamment approximative les proportions de chaque élément.

Ce système de dosage est très facile, puisqu'il n'exige qu'une simple éprouvette et deux flacons ; il n'est pourtant pas d'une exactitude rigoureuse ; mais pour les besoins de l'agriculture il est bien suffisant.

CALENDRIER AGRICOLE

FÉVRIER

Semer les féveroles. La culture en lignes espacées de 65 à 75 cent. convient parfaitement à cette plante, les graines doivent être enterrées très-profondément, c'est-à-dire à 8 cent. L'avoine peut se semer souvent en février ; cependant le temps le plus ordinaire de la semaille est en mars.

Le pavot connu aussi sous le nom d'oliette, olivette ou œillette doit se semer le plus tôt possible après que la terre s'est ressuyée. Elle se sème presque toujours sur un labour d'automne. On en cultive de deux espèces, l'une dont la semence est grise et l'autre blanche. On les sème ordinairement à la volée, à raison d'au moins 2 kilos de graine par hectare. La semence étant très-fine ne doit presque pas être enterrée ; pour recouvrir les graines on se sert du rouleau-squelette.

MARS

On sème le blé du printemps en mars, quoique pourtant certaines variétés réussissent en avril et même en mai.

C'est dans ce mois qu'on sème l'avoine. Communément on la sème sur un seul labour donné immédiatement avant la semaille. On sème le trèfle rouge ou commun sur le blé ou sur la seigle mis en terre en automne, à raison de 15 à 20 kilos par hectare.

Le trèfle blanc ou rampant se sème aussi dans la même saison et ordinairement dans une récolte de grains, de même que le précédent. Il est vivace et convient particulièrement pour le pâturage des moutons. Si on le sème seul, on en met 8 kilos par hectare.

C'est aussi dans ce mois que se sème ordinairement la lupuline, appelée souvent minette dorée ou trèfle jaune ; elle est bisannuelle, comme le trèfle rouge. On la sème, comme le trèfle, dans une récolte de grains à raison de 15 à 18 kilos par hectare : elle ne fournit qu'une coupe.

La luzerne se sème en mars ou en avril, si l'on a à craindre les gelées tardives qui peuvent lui être nuisibles. Elle se sème comme le trèfle rouge dans une récolte de grains, dans un sol parfaitement nettoyé de mauvaises herbes, profondément défoncé et fortement amendé, à raison de 20 à 25 kilos de graines par hectare.

Le sainfoin ou esparcette se sème encore dans ce mois ; il ne donne qu'une coupe, mais il y a peu de fourrage plus substantiel pour le bétail. Il se sème dans une céréale de printemps ou d'automne, à raison de 4 à 5 hectolitres par hectare ; on l'enterre plus profondément que la luzerne. Le hersage en mars sur les sainfoins venus est aussi utile que sur la luzerne.

C'est dans ce mois qu'on fait ordinairement les premières semailles des vesces. Cette plante remplace bien le trèfle envers le bétail. Les terres fraîches, un peu argileuses, sont celles qui lui conviennent le mieux. La quantité de semence est d'environ 200 litres par hectare.

Les sols de consistance moyenne conviennent mieux aux pois que les terres argileuses tenaces; c'est une plante peu épuisante. On ne doit pas remettre 'sur le même sol deux fois la même semence de pois; on doit attendre cinq ou six ans. Il y a plusieurs sortes de pois; mais les verts sont les plus estimés pour la nourriture de l'homme; les pois gris ou bisailles sont pour le fourrage; les pois gris d'hiver se sèment à la même époque que le froment. On enterre fortement la semence : l'on en met à peu près de 18 à 25 décalitres par hectare.

On sème assez souvent les carottes en février; cependant mars est la saison la plus commune. Cette plante réussit fort bien sur un sol de moyenne consistance; même un peu argileuse. La carotte est un des aliments les plus sains, qu'on puisse donner à toute espèce de bétail. Si on la sème à la volée, on mettra 4 à 5 kilos par hectare, et on l'enterrera très-peu.

Le panais se sème dans le même temps que la carotte et sa culture est à peu près la même. Les sols riches, frais et profonds sont les seuls qui lui conviennent. Un avantage particulier de cette plante c'est de pouvoir rester en terre pendant l'hiver sans craindre la gelée. C'est une racine et une des plus profitables pour l'engraissement du bétail surtout des bœufs, des cochons, ou pour la nourriture des vaches laitières; elle convient très-bien aux chevaux. On met de 5 à 6 kilos de graines par hectare.

C'est en mars qu'il est le plus convenable de semer en pépinière les choux et les rutabagas destinés à être mis en place en mai ou au commencement de juin.

La betterave se sème encore dans le même mois ; le meilleur moyen c'est d'avoir un semoir-brouette ; pour cela, il faut tracer avec le rayonneur des lignes profondes de 3 centimètres et espacées de 33 à 42 cent. mais le plus souvent de 67 à 75, puis l'on passe dans toutes les lignes avec le semoir à brouette réglé de manière à répandre 7 grains par décimètre ou 2 à 3 ; ensuite l'on recouvre la semence à l'aide du râteau couvreur. La graine doit être enterrée à 15 mil. et même, 3 cent. ne sont pas trop. On met 7 à 8 kilos de semence par hectare.

La lentille aime un sol de consistance moyenne ; elle réussit dans les sols argileux et calcaires, lorsqu'ils sont bien ameublis au printemps par un labour donné en hiver ou en automne ; dans ce cas on sème au commencement de mars ; lorsque le sol est bien ressuyé, on enterre la semence par un hersage énergique, ou par un trait d'extirpateur. On met ordinairement 150 litres de graines par hectare ; on enterre à 3 cent. de profondeur.

Semer la laitue et la chicorée pour les porcs.

Semer la spergule, 12 kilos de graines par hectare, enterrer peu.

Semer la gaude de printemps, 7 à 8 kilos de graines par hectare.

Le lin ne vient bien que dans les sols riches ; l'on donne deux ou trois labours dont le dernier doit se faire en mars ; on sème tout de suite après, en mettant 200 à 250 litres de graines par hectare.

Le trèfle et la luzerne réussissent très-bien dans le lin, ainsi que les carottes, qui forment, dans beaucoup de cas, une seconde récolte très-profitable. Pour avoir de beau lin il ne faut ensemencer qu'après un intervalle de six ans.

Semer la moutarde noire, 5 à 6 kilos par hectare ; la graine de poré ; la pimprenelle, 30 kilos par hectare et l'on enterre à la herse.

Le pastel se sème encore dans ce mois ; on le cultive soit pour la teinture, soit aussi pour le pâturage des moutons. Dans le premier cas il exige le sol le plus riche, dans le second c'est dans un terrain sec ou calcaire que l'on doit le semer, à raison de 20 kilos de graines par hectare.

On plante la garance dans un terrain sablonneux et très-léger, profond et riche et on lui donne beaucoup d'engrais ; les topinambours ; il faut 15 à 20 hectolitres de tubercules par hectare.

Plâtrer les trèfles, sainfoin et luzerne, lupuline, trèfle blanc, jarosses et vesces d'hiver. Le meilleur moment de plâtrer, c'est lorsque la plante est assez forte pour couvrir le sol. On met 2 hectolitres de plâtre par hectare ; on pourrait même se servir de plâtras, pourvu qu'il soit réduit en poudre.

Herser les céréales d'automne, biner et herser le colza et la navette, biner les cardères, sarcler la gaude d'hiver, fumer les blés par dessus ; étendre les taupinières.

AVRIL

C'est en avril qu'on sème les orges. Il y en a de plusieurs sortes ; il y a l'orge grande à deux rangs. La petite orge quadrangulaire ; l'orge nue à six rangs ou orge céleste ; l'orge nue à deux rangs ; la première

donne des grains pesants et d'excellente qualité; la deuxième donne des grains moins gros et moins pesants
que ceux de la première ; la troisième, surnommée blé
d'Egypte, donne un grain qui a beaucoup plus de valeur que les premières et sa paille est très-bien mangée
par les bestiaux; la quatrième produit des grains plus
apparents que les premiers et à peu près de la même
valeur, mais la paille n'a pas plus de valeur que celle
de l'orge ordinaire. L'orge exige un sol riche léger. Ce
grain demande à être enterré de 6 à 8 et même 10 cent.
dans les sols très-légers. Par cette raison, l'extirpateur
ou le scarificateur conviennent mieux que la herse pour
couvrir la semence.

Pour la grosse orge plate, ainsi que pour l'orge nue
à deux rangs, on emploie 250 à 300 litres de semence
par hectare ; pour la petite orge quadrangulaire 225 à
250 ; pour l'orge céleste 200 suffisent, parce que cette
variété talle beaucoup et très-promptement.

On sème les prairies artificielles. Le trèfle rouge à
raison de 15 à 20 kilos par hectare ; le trèfle blanc, la
lupuline, la luzerne de 20 à 30 kilos de semence par
hectare ; le sainfoin, les graines des prés, etc., de 40 à
60 kilos par hectare.

Semer la moutarde blanche, plante oléagineuse. On
extrait de cette graine une huile qui remplace très-
avantageusement le beurre pour quelques usages de la
cuisine ; la paille sert comme fourrage, seulement il ne
faut pas en donner une grande quantité à la fois.

Planter les pommes de terre de 22 à 25 hectolitres
de tubercule par hectare. On plante aussi le maïs. Il lui
faut un sol chaud, léger et bien amendé ; on peut le
semer en lignes espacées de 75 à 85 cent. Si l'on emploie le semoir à brouette, on met 6 à 8 grains par mètre.

Au moment des binages on laissera alors les plantes à
67 cent.; si c'est pour fourrage de 10 à 20 litres par
hectare. On recouvre le grain avec la herse renversée,
ou mieux encore avec le râteau-couvreur. Lorsqu'on
plante on met entre les trous la distance que l'on veut
voir et l'on met dans chacun deux grains.

On plante le houblon. Il lui faut un sol riche et très-
profond qui ne soit ni trop sablonneux, ni trop argileux.
On doit fumer abondamment. La distance entre les
pieds est de deux mètres en tous sens. Il faut à cette
époque biner le blé, les féveroles, les topinambours,
herser l'avoine, l'orge et les féveroles ; sarcler les carottes, sarcler et éclaircir les betteraves, les rutabagas
et les choux ; sarcler la gaude de printemps, le lin, le
pastel, étendre les taupinières, pâturer le froment ; la-
bonrer les jachères.

MAI

On sème le chanvre sur une terre très-riche, bien
amendée et préparée par plusieurs labours dont le dernier doit être très-profond.

Semer le millet ou panis d'Italie. Le sol qui convient
au millet est à peu près le même que demande le maïs,
c'est-à-dire, un sol chaud, meuble et riche. On met de
30 à 40 kilos de graines par hectare. Deux mois après on
obtient une coupe extrêmement abondante d'excellent
fourrage, qui peut se consommer en vert ou en sec.

Semer la cameline, plante oléagineuse. C'est ordinairement le froment qui succède à la cameline. Elle exige
un sol meuble et fertile. La graine étant très-fine, ne

doit être enterrée que peu profond ; on en met 8 litres par hectare.

Semer le colza de printemps. Les terrains très-humides et marécageux, pourvu qu'ils soient égouttés, sont ceux où le colza réussit le mieux. Le sol doit être bien préparé par deux ou trois labours, et l'on sème à la volée, à raison de 10 ou 12 litres par hectare ; on recouvre la semence avec la herse.

Semer les vesces pour fourrage de 200 à 300 litres par hectare ; les rutabagas et les choux-navets, soit à la volée, à raison de 2 à 3 kilos par hectare, soit en lignes au semoir, en espaçant de 65 à 75 cent. Au binage, si le sol est très-riche, on les éclaircira, en les laissant, à 45 ou 50 cent. de distance, s'il l'est moins à 36 ou 40. Dans les lignes à une distance de 25 à 40 cent. selon la richesse du sol.

Semer les haricots, transplanter les rutabagas, betteraves et choux, herser les pommes de terre ; échardonner les blés ; plâtrer les vesces ; faucher celles d'hiver. C'est encore dans ce moment que l'on donne aux cochons le trèfle, la luzerne ou des vesces, nourriture qui leur convient très-bien en été.

Les moutons sont conduits au pâturage. On peut les parquer.

(Destruction des charançons, insectes qui dévorent le froment).

JUIN

C'est à cette époque qu'on doit semer la navette de printemps, plante à huile. Les terres légères, sablonneuses, cependant fraîches, sont celles qui conviennent le mieux à cette plante ; elle se sème à la volée sur deux ou trois labours, en mettant 4 kilos de graines par hectare ; on la fait suivre par du froment ou du seigle sur un sol labour.

Les navets se sèment ordinairement en juin. La terre que l'on destine aux navets doit être fumée, à moins qu'elle ne soit très-riche et préparée par deux ou trois labours. On les sème à la volée à raison de 3 à 4 kilos de graines par hectare et on recouvre par un trait de herse qui ne doit enterrer la semence que superficiellement.

Semer les cardères. Il faut un sol riche.

Semer le sarrazin qui est une récolte précieuse pour les sols pauvres, montagneux et froids ; les sols meubles lui conviennent très-bien. L'on met 25 litres de semence par hectare et enterrer peu profond.

Le trèfle, la luzerne et le sainfoin réussissent bien dans le sarrasin.

Fenaison, du trèfle, de la luzerne, des vesces, etc.

JUILLET

A cette époque on récolte le colza, la navette, le seigle, la gaude d'automne, le pastel ; on sème le colza d'hiver. Une terre argileuse lui convient très-bien, pourvu qu'elle soit bien ameublie. Le colza peut se semer de trois manières : 1° en place à la volée ; 2° en place en rayons ; 3° en pépinières soit en rayons, soit à la volée. La semaille en lignes espacées de 50 c., se fait avec le semoir, on couvre la semence par un trait de herse. Les semis en place à la la volée exigent 3 litres de graines par hectare ; en lignes 50 à 60 grains par mètre.

Semer les navets en seconde récolte ; semer le sarrasin. Après les vesces, il faut un sol sablonneux et léger qui puisse s'ameublir par un seul labour ; biner les récoltes sarclées ; herser et biner les navets et les carottes.

AOUT

Moissons des céréales (produits). On considère communément comme des sols de fertilité moyenne, ceux où le froment produit dans les années ordinaires de 15 à 18 hectolitres par hectare. Dans les sols de fertilité moyenne, le seigle produit de 15 à 18 hectolitres par hectare.

L'orge donne communément, dans les sols de fertilité moyenne et avec une culture passable de 20 à 25 hectolitres et même jusqu'à 35 par hectare dans les sols très-riches ; l'avoine, dans l'assolement triennal, sans prairies artificielles, ne produit guère, en terme moyen, au de là de 20 hectolitres par hectare, et dans un bon sol enrichi par la culture du trèfle ou de la luzerne, on obtient de 30 à 40 hectolitres d'avoine par hectare.

Produit de la paille. Pour le froment la paille est dans une proportion qui varie de deux fois à deux fois et demie le poids du grain ou dans la proportion de 200 à 250 kilos de paille, pour 100 kilos de grain.

Pour le seigle, la proportion de la paille au grain est ordinairement un peu plus considérable ; mais souvent elle n'est qu'égale à celle que je viens d'indiquer pour le froment. Pour l'orge, la proportion est communément de 160 à 200 kilos de paille pour 100 kilos de grain. Pour l'avoine, la proportion est à peu près la même que pour l'orge.

Récolter le lin, le chanvre, les cardères, la moutarde noire et les pavots. Dans les années favorables l'on obtient de cette dernière récolte, assez fréquemment de 18 à 20 hectolitres par hectare, dans les sols riches et avec une bonne culture, la moyenne est de 12 à 15 hectolitres, même dans les bons sols.

Semer la navette d'hiver. La terre qui doit porter la navette doit être préparée par deux ou trois labours, et fumée, si elle n'est pas assez riche. On sème à la volée de 8 à 10 litres de graines par hectare, et on l'enterre soit à la herse, soit par un trait d'extirpateur, en prenant 5 à 6 cent. de profondeur. On peut semer à rayons à 50 cent. de distance.

On sème la spergule dans un sol sablonneux et frais, aussitôt que la récolte de grain est enlevée; on donne un léger labour; on met en terre la gaude d'automne. On peut la semer dans des haricots ou du maïs sans labourer, à raison de 7 à 8 kilos de graines par hectare.

Semer le trèfle incarnat ou farouche. On sème à raison de 20 à 25 kilos par hectare si la graine est en bourre ; et 10 à 11 kilos si elle est mondée.

Rouissage du lin et du chanvre. Il doit se faire en le plaçant dans l'eau courante ou stagnante qu'on maintient plongé dans l'eau par des pierres pesantes dont on charge le tas. Le déchaumage a lieu à la même époque.

SEPTEMBRE

C'est dans ce mois qu'on récolte les féveroles. On doit les couper avant la maturité complète des semences, parce que la paille est ainsi meilleure pour le bétail. Les féveroles forment une excellente nourriture, mais avant de les faire consommer il faut les faire détremper dans l'eau ou les concasser. Dans les saisons très-favorables, on obtient quelquefois 25 à 30 hectolitres de féveroles par hectare, mais les moyennes sont de 15 à 18 hectolitres par hectare.

C'est aussi à cette époque que l'on récolte la graine de trèfle.

Récolte et conservation des pommes de terre. Avec une culture soignée, les pommes de terre peuvent donner en moyenne 250 hectolitres par hectare.

Récolter le maïs : ainsi sur des terrains de moyenne fertilité, on obtiendra communément 20 à 25 hectolitres par hectare ; la gaude de printemps, la navette d'été, la cameline et la moutarde blanche ; le sarrasin 20 à 25 hectolitres par hectare doivent être regardés comme une bonne récolte. On reconnaît que le houblon a atteint sa maturité lorsque les cônes prennent une odeur aromatique, et changent leur couleur d'un vert foncé contre une teinte plus claire et qui incline au jaune.

Les sols de fertilité suffisante peuvent produire communément 15 à 18 hectolitres par hectare de froment. On peut, à l'aide de culture soignée, obtenir en moyenne 250 kilos de betteraves et à peu près autant en carottes ; mais sur des sols d'une très-haute fertilité, on obtient des produits doubles et même triples de cette quantité. C'est aussi dans ce mois qu'on s'occupe à faire les regains.

Semé dans un sol argileux, le froment réussit très-bien ; cependant il y a peu de terres qu'on ne puisse rendre propres à sa culture. On sème ordinairement à la volée 200 litres de froment par hectare et lorsqu'on sème en lignes à 25 cent. de distance on n'emploie que la moitié ou les deux tiers de cette quantité.

On cultive le seigle surtout dans les sols trop légers ou trop peu fertiles pour le blé. On prépare la terre par deux ou trois labours, et l'on sème à la volée 150 à 200 litres par hectare de la même manière que pour le froment.

On sème l'escourgeon ou orge d'hiver. On s'en sert comme fourrage. On le sème à la volée à raison de 200 litres par hectare. Le sol doit être préparé par plusieurs labours; il doit être riche et dans un grand état d'ameublissement.

L'épeautre est la principale récolte dans quelques cantons froids, montagneux et peu fertiles; on le sème encore dans des terrains trop riches pour le froment et où l'on craindrait que ce dernier ne versât; il se sème à raison de 400 litres par hectare.

On sème les graines de pré de 40 à 60 kilos par hectare; les féveroles d'hiver. Un sol argileux convient seul à cette plante. On sème du 15 au 20 septembre, 150 à 200 litres par hectare, et on recouvre fortement la semence.

On plante le colza. Le repiquage s'opère soit à l'aide du plantoir sur un terrain bien hersé, soit derrière la charrue. Dans le premier cas on se sert d'un plantoir double ou à deux branches portant deux pointes distantes entre elles de 25 à 33 centimètres. Un homme ouvre avec cet instrument deux rangs de trous à la fois pendant qu'un second ouvrier place les plantes dans les trous et les assujettit en serrant fortement avec le pied.

Planter les cardères. Un sol riche, profond, fortement amendé, préparé par plusieurs bonnes cultures et surtout parfaitement égoutté, est celui qui convient à cette plante. Le procédé le plus expéditif est de tracer au rayonneur, sur le terrain bien hersé, des lignes à 50 cent. de distance et en espaçant dans les lignes également de 50 cent.

C'est aussi à la même époque qu'il faut biner et éclaircir le colza et la navette semée à la volée.

OCTOBRE

Labours préparatoires. Nourriture d'hiver des bestiaux; paille et foin hachés pour le bétail, racines coupées. Donner au bétail à cornes les pommes de terre cuites ou crues. Botteler le foin.

Composition du vin.

Les principes constituants du vin sont : 1° de l'eau, qui en forme la partie la plus considérable ; 2° de l'esprit ou alcool, formé par la fermentation aux dépens de la matière sucrée qui était contenue dans le raisin : c'est à cette substance que le vin doit sa faculté enivrante ; 3° d'un peu de matière sucrée non décomposée ; 4° des sels à base de potasse, et surtout du tartre, dont l'acidité contribue à donner au vin une saveur agréable lorsqu'il existe dans une proportion convenable ; 5° un arome qui varie beaucoup suivant la localité ; 6° une matière acerbe ou astringente qui existait dans la graine ou pepins et les grappes du raisin, et qui, en modifiant la saveur du vin, contribue essentiellement à sa conservation ; 7° une matière colorante qui résidait particulièrement dans la pellicule du raisin; cette matière est de nature résineuse et par conséquent insoluble dans l'eau ; elle ne peut se dissoudre qu'à l'aide de l'alcool ; 8° de l'acide carbonique, substance gazeuse dont la plus grande partie s'est dégagée pendant la fermentation, mais dont une petite partie reste combinée à la liqueur.

NOVEMBRE

C'est l'époque des semailles tardives de blé. On plante la cousoude à feuilles rudes. Si on la place dans un sol riche et profond, ses feuilles succulentes et touffues ont déjà atteint 35 à 40 cent. de hauteur, lorsque la luzerne commence à pousser. On peut faire quatre à cinq coupes et chaque coupe donne un produit très-abondant. Elle est vivace et dure longtemps. Les bestiaux la mangent avec avidité ; elle se reproduit par éclat.

Battage des grains, conservation des navets et des rutabagas dans les silos. C'est aussi à cette époque qu'on doit saigner les sols humides.

DÉCEMBRE

C'est sur la fin de ce mois que les brebis commencent à mettre bas. On doit donner aux mères une bonne nourriture fraîche, composée de racines, comme betteraves, pommes de terre, navets, rutabagas, etc...

TABLE

DES

MATIÈRES